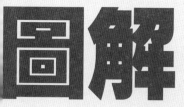

圖解

五南圖書出版公司 印行

品牌行銷與管理

第二版

朱延智 博士 著

閱讀文字

理解內容

觀看圖表

圖解讓
品牌行銷
與管理
更簡單

作者序

　　在現今這個危疑震撼、風雲變幻的大時代，企業要在市場長久立足，必然需要品牌。品牌需要設計，設計的過程，需要被管理。設計完工之後的運作，從幕前到幕後，每一項也都需要管理。設計是行銷的關鍵基礎，沒有好的設計，就不是優質的產品，那就更不用談品牌了！唯有好的設計，才能使消費者獲益，品牌也才能長久。所以本書將設計這一部分納進來，是希望行銷的人，或正在學行銷、學管理的人，也能了解設計的精髓，這樣才能正確行銷品牌。

　　本書以圖解的方式呈現，是希望幫助讀者，透過圖形來思考、理解。由於這種方式，比講一大堆文字，更快、更有效！因此，有學者提出圖解的方式，可增進學習者的理解力、思考力、邏輯力、解讀力、溝通力。盼望本書能帶給您實質的效益。

　　本書適合希望能快速進入品牌設計與品牌管理的人士，特別是大學企管或商業科系的同學，或設計學院相關科系的同學。此外，對於業界從事品牌相關工作的人士，這本書更是不可或缺。在此，我要感謝我企管領域的啟蒙恩師，政大商學院企管系的于卓民教授，沒有他的帶領、他的循循善誘、誨人不倦，並耐性回答我的問題，絕沒有我今天的成果，同時要感謝五南圖書出版公司的張毓芬小姐，沒有她的鼓勵與督促，這本書不可能付梓。還要感謝的是，侯家嵐小姐謹慎細心的「接生」，才能使本書完整及時的呈現。當然更要感謝　上帝，給我頭腦，給我健康的身體完成！

朱延智 老師

Mail：yjju@mdu.edu.tw

本書目錄

本書目錄

第 6 章　設計品牌識別系統

第 7 章　行銷品牌

第 8 章 品牌管理

本書目錄

在全球化激烈的市場競爭中，企業為了永續生存，除了培育人才、提升技術、增強管理效率外，最關鍵的就是「品牌」！尤其臺灣的企業，已擁有數十年的國際代工經驗，若能在品牌方面深根，未來定能在全球化的道路上，突圍而出。

「品牌」——到底是什麼？品牌對於消費者來說→它是產品、服務或公司的主觀感受，同時也是一個象徵、價值、品質、形象和保證的代表。

品牌對企業來說→是產品和企業的靈魂，也是形象、廣告、研發、商譽、服務等，多種因素的總和代表。

第 1 章

品牌設計與品牌管理

章節體系架構 ▼

Unit **1-1** 品牌的定義

一、品牌（Brand）古意

指產品或事務的製造者或擁有者，如「烙印」在牛、馬、羊，或是其他的財產，以示區隔。

二、品牌（Brand）今意

企業提供消費者，具特色的產品特性、利益和服務的承諾。

(一) 美國行銷學會（American Marketing Association，簡稱 AMA）：「品牌是一個名字（Name）、術語（Term）、標誌（Sign）、符號（Symbol）、設計（Design），或它們的聯合使用；這是用來確認一個銷售者，或一群銷售者的產品或服務，以便與競爭者的產品或服務，有所區別。」

(二) 菲立普·柯特勒（Philip Kotler）：「品牌代表著一個名字、名詞、符號、象徵或設計，甚或是這些東西的總和，企業希望藉著品牌，能夠讓別人辨別出產品或服務，及所歸屬的公司，並且和競爭者產品產生區隔。」

(三) Mullen：「當一個人偶遇這家公司的商標、商品、總部，或公司的代表性設計時，心中所產生的所有思想、感覺、聯想及期望的總和。」

(四) Farquhar：「品牌是指一個名稱（Name）、符號（Symbol）或標記（Mark），其能附加產品，除了功能性目的外的其他價值（Value）。」

(五) 理察·寇克（Richard Koch）：「品牌就是組織給一項產品或業務的一個視覺設計或名字，它的目的是為了和競爭產品有所區隔，並向消費者保證這是品質穩定、優良的產品。」

(六) 布茲·亞倫（Booz Allen）和漢米爾頓（Hamilton）：「品牌是與市場溝通重要資料，以及影響採購決定的一種速記方法。」

小博士解說

企業所提供的產品或服務，都希望消費者常購，因為這能降低開發新客戶的成本，也因此在建立品牌的過程中，名字絕對不可少。

可是當消費者聽到某些品牌名字時，不是搖頭嘆氣，就是覺得噁心、憤怒，因為這些所謂「品牌」，欺騙了消費者的金錢和感情，也就是十分的缺德。以2013年較具體的案例來說，義美食品用了9000公斤的過期原料；乖乖竄改過期產品日期，繼續在市場販售；山水米裡面幾乎沒有臺灣米，卻以臺灣米高價售出；胖達人麵包欺騙消費者；大統長基食品公司的花生油，裡面完全沒有花生成分，號稱百分百的橄欖油，也是騙人的。

品牌的永續生存、發揚光大，是要讓消費者感動。這樣的品牌，才會讓人懷念，也才是有意義的品牌。

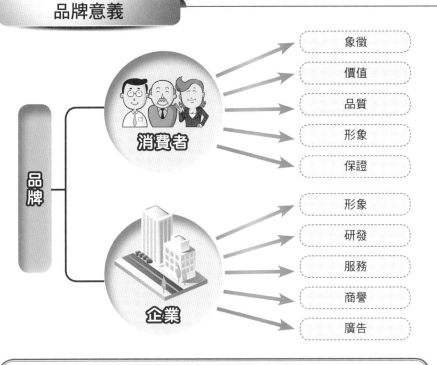

品牌意義

- 消費者
  - 象徵
  - 價值
  - 品質
  - 形象
  - 保證
- 企業
  - 形象
  - 研發
  - 服務
  - 商譽
  - 廣告

品牌古意&品牌今意

今 具特色的產品特性、利益、服務

品牌

古 產品或事務的擁有者或製造者

美國行銷學會對品牌的定義

品牌　名字　術語　標誌　符號　設計

Unit **1-2**
設計的定義、內涵

　　越重視品牌的企業，就越重視「設計」。外觀較美的設計，會被認為比不美的設計更好用。前IBM董事長華生（Thomas J. Watson）有句名言，「好設計，就是好生意（Good design is good business.）」。如今設計已成為各行業，努力的方向。

一、「設計」到底是什麼？

　　歐洲人說：「設計」是人類用智慧及技巧，解決問題的一種創意活動。

　　猶太人說：「設計」是一種有市場性，及商品化的創意活動。

　　日本人說：「設計」是一種有附加價值的創意活動。

　　其實「設計」最核心的目的，在於改進人類的生活品質，提升社會的文化層次。

　　(一) Misha Black：英國工業設計教育家 Misha Black 爵士，代表「國際工業設計團協會」（International Council of Societies of Industrial Design, ICSID）所下的定義是：「設計是一種創造的行為，其目的在決定產品的真正品質。所謂真正品質，並非僅指外觀，主要乃在結構與功能的關係，俾達生產者及使用者，均表滿意的結果。」

　　(二) Neil Mcilvaine：美國工業設計師協會（Industrial Designers Society of America, IDSA）定義設計：「設計乃是一種創造，及發展產品新觀念、新規範標準的行業；藉以改善外觀和功能，以增加該產品或系統的價值；使生產者及使用者均蒙其利。其工作可與其他開發人員共同進行，如經理、工程師、生產專業人員等；設計的主要貢獻，乃在滿足人們的需要與喜好，尤其指產品的視覺、觸覺、安全、使用方便等。」

　　(三) 王受之：設計是「把一種計畫、規劃、設想、問題的解決方法，透過視覺的方式，表達出來的活動過程。」

　　(四) 朱延智博士：設計是「為改進生活品質及滿足需求，而透過規劃、設想等視覺傳達手段，以解決問題、滿足人類需求的過程。」

二、設計涵蓋層面

　　(一) 設計涵蓋計畫、草圖、素描、結構、構想、樣本、策略、組織等。

　　(二) 有時構想很難單獨以言語說明清楚，故須配合草圖、圖面、樣本、模型或品質表，將它視覺化！經由適當輔助物，設計才能得到具體的體現，整個過程裡的各個小過程，都屬設計的一環。

設計目的

 提升文化

 解決問題

 生活品質

設計層面

組織
策略
樣本
構想
結構
素描
草圖
計畫

設計層面

設計面向

價值、文化

創意、創造

設計面向

需求、經濟

造型、美學

知識補充站

「設計」四大面向

1. 設計是創造行為，透過產品來表現創意。
2. 設計是造型活動，應用科技表現造型的美學效果。
3. 設計是經濟行為，滿足使用者與生產者的不同需求。
4. 設計是文化創意，經由產品營造日常的生活文化。設計是在產品發展的同時，加入美學以吸引消費者之注意力，刺激購買意願，進而增強產品的實用價值，並提升社會的文化層次。

一、品牌設計的定義

「企業為滿足人類需求，以視覺傳達的手段，表達出來的整體活動過程，提供給消費者，一組（屬性、利益、價值、文化、個性）具一致性，及特定產品特性、利益、服務的承諾。」

(一) 品牌設計核心：品牌設計的重點，是圍繞在品牌承諾的這個核心。好的品牌，一定是由企業承諾來建立的。唯一讓客戶信任的品牌，就是長時間不變的真誠，也是為品牌奠定好基礎的關鍵之一。

(二) 品牌設計：包括品牌命名、品牌包裝、品牌策略、品牌形象、品牌通路、品牌行銷。

二、管理的定義

(一) 弗列特（Mary Follet）：「管理乃是透過眾人之力，來達成組織目標的一系列活動。」

(二) 孔茲（Koontz） 對於管理的定義是：「經由他人的努力，而達成的任務。」

(三) 彼得・杜拉克（Peter Drucker）的定義：「管理是一種功能、專業、科學。」

(四) 陳定國博士：「泛指主管人員經由他人的力量，以完成工作目標的系列活動。」

(五) 伍忠賢博士：「管理別人，把事做對。」

三、品牌管理的定義

(一)「企業對消費者所承諾的利益與服務，運用規劃、領導、用人、控制等手段，使承諾能具體、有效、及時的被實踐」。

1.品牌管理重心：具體實踐對消費者的承諾。

2.品牌管理面向：一是外貌，二是內涵，三是溝通。

(1) 外貌是指識別的名稱或符號，例如，外在的顏色、款式、型態、標誌、商標、或是一種包裝設計。

(2) 內涵就好比產品或服務的品質與功能。

(3) 品牌可以透過廣告、通路、價格、體驗等方式，進行溝通。譬如，聯邦快遞（FedEx）以輕鬆詼諧的電視廣告，傳達準時把文件和包裹，送交當事人。

(二) 品牌從技術或產品的研發開始、商品設計、行銷包裝、通路服務、到顧客管理，都應與企業的承諾、品牌的精神，密切配合，才能帶來真正的價值。

品牌設計核心

| 品牌設計核心 | → | 品牌承諾 |

品牌設計

品牌策略

品牌包裝

品牌形象

品牌命名

品牌通路

品牌行銷

品牌管理核心

品牌管理核心

↓

具體實踐對消費者承諾

| 可辨識的外貌 | 內涵 | 溝通 |

案例　迪士尼

　　以迪士尼（Disney）為例，該公司為了確保品牌的長期成長，於1980年代中期進行了一次品牌稽核（brand audit），分別從內部的行銷活動，和外部的顧客反應著手，深入地檢視品牌的體質。結果，迪士尼找出了「歡樂、家庭、娛樂」（fun, family and entertainment）這三個品牌箴言（品牌精神）。爾後舉凡迪士尼產品、行銷活動，都盡力和這三字箴言（品牌精神）保持一致。

Unit 1-4
設計管理

人性極易被獨特的事物所吸引，所以設計可以在第一時間，抓住消費者的目光及好奇心，甚至感動消費者，如此就能在眾多產品中，脫穎而出。自20世紀以來，設計乃融合了藝術、文化與科學的整合，以解決社會的問題，並重新定位人類的生活形態。同時設計也逐漸成為創新的引擎，以及新產品開發的策略。

一、名詞起源

設計管理（Design Management）一詞起源於1965年，英國皇家藝術學會（The Royal Society of Arts, RSA）頒發「設計管理最高榮譽獎」，藉以鼓勵企業設計活動，經由廣泛性、合理性、計畫性的步驟，使顧客、公司員工及相關人員，對公司有整體品質的認同。

二、設計管理意義

(一) 鮑韋爾（Earl Powell）：美國設計管理協會（Design Management Institute）主席鮑韋爾將設計管理定義為：「以使用者為著眼點，進行資源的開發、組織、規劃與控制，以開創有效的產品。」

(二) 法爾（Farr M.）：英國設計師法爾認為：「設計管理是在界定設計問題，尋找最合適的設計師，且盡可能地使該設計師準時解決設計問題，並核准該設計師所需的預算。」

(三) 李硯祖：2002年，李硯祖在《藝術設計概論》一書中，對「設計管理」定義：「設計管理可以理解為對設計活動的組織與管理，它是設計借鑑和利用管理學的理論和方法，對設計本身進行的管理，即設計管理是在設計範疇中所實施的管理。設計管理涉及設計和管理兩方面，不同的層面和內容。」

(四) 朱延智博士：「透過規劃、領導、用人、控制等手段，使造型與美學等行動，更有效率的滿足消費者需要。」

三、設計管理應注意的兩大面向

1.設計能量方面→設計策略、設計流程、創新手法、前瞻設計研究與趨勢分析、設計專利、設計與行銷之前端合作開發流程、設計人力素質提升等；2.設計組織面→設計組織設置評估與建立，設計與國際單位的協同合作。

四、設計管理的發展階段

隨著科技的進步，設計大致可分成五個階段，每個階段都可用一個「F」來代表：1.30年代的功能設計（Design for Function）；2.50年代友善的設計（Design for Friendly）；3.70年代的愉快設計（Design for Fun）；4.90年代的新奇性設計（Design for Fancy）；5.21世紀人性化貼心設計（Design for Feeling）。

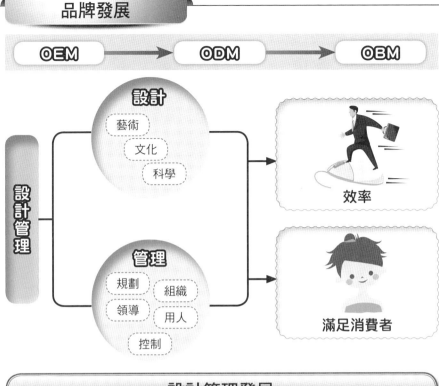

中華民國的產業發展，與設計管理的發展階段是相符合的。

臺灣從代客加工（Original Equipment Manufacture, OEM）做起，進而代客設計（Original Design Manufacture, ODM），到自創品牌（Original Brand Manufacture, OBM）的努力。目前正努力邁向「美學體驗」，感性的科技設計，以提升設計能量與品牌價值。

Unit **1-5**
品牌特性 —— 生存性、管理性

在企業面對國際化與白熱化競爭的今日，品牌的重要性，前所未見的與日俱增。如何塑造企業和產品的品牌，已成為一門顯學。

品牌具有多面向的特性，以下將藉由具體的方式，來說明這些面向的特性。

一、生存性

企業面臨快速、劇烈的環境變遷，諸如產業科技的變動、消費者需求、經營環境、金融環境、政治環境等驟然的變動。若能建立品牌，讓品牌發揚光大，吸引大批死忠的顧客，不斷地重複消費，如此就能提高品牌的生存機率。

在消費緊縮的時刻，品牌的知名度越高，品牌價值就越能得到認同，消費者購買的可能性越大，對於企業永續生存，就更為重要。

案例　蘋果iPhone

以全球曾經瘋狂熱賣的蘋果iPhone來說，蘋果的毛利率大約在60%到70%之間，而代工的毛利2%。為什麼蘋果可以有這麼高的利潤？因為它掌握了品牌。

二、管理性

品牌是長期所累積的形象、企業對消費者的承諾、商品與消費者的關係、感性與理性知覺的綜合體、一種經過設計的綜合體驗、有價值的資產、長期且昂貴的投資。既是資產與昂貴的投資，如何能不管理？

(一)「品牌」管理的需要性

1. 全球產業趨勢快速變化、競爭加劇，品牌管理愈形重要。有效的品牌管理，可創造產品差異性，建立消費者的偏好與忠誠，更可為企業在市場上攻城掠地。

2.企業往往擁有兩種甚至更多「品牌」，像企業的企業品牌、企業的產品品牌，因此，品牌是需要管理的！

(二)「品牌」管理的完整性：品牌要管理，才能彰顯其特色。品牌管理是一個系統的工程，不能將各項變數單獨割裂開來做，而應該充分考慮到品牌各方面的要素，例如，品牌的視覺符號、品牌的知名度、廣告等。

(三)「品牌」管理的順序：品牌管理通常是先從內在品牌管理（Internal Branding）開始，然後再經營外在品牌管理（External Branding）。

(四) 忽略管理的嚴重性：管理品牌必須要很清晰和很快速的，去適應市場的不斷變化，否則也可能出現「品牌陣亡」的現象！

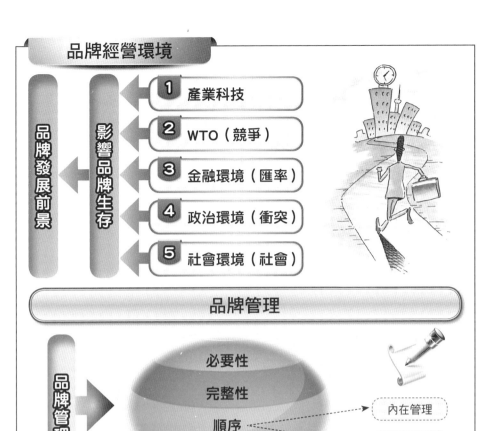

品牌經營環境

	1	產業科技
影響品牌生存	2	WTO（競爭）
	3	金融環境（匯率）
	4	政治環境（衝突）
	5	社會環境（社會）

品牌發展前景

品牌管理

品牌管理

必要性

完整性

順序 ┄┄→ 內在管理

┄┄→ 外在管理

避免「品牌陣亡」

品牌管理範圍

形象		感性、理性
承諾	品牌管理範圍	資產
消費者關係		體驗

 案例　麥當勞

　　純美式管理風格的麥當勞公司，它所強調的機器自動生產、標準化的品質、清潔，以及快速服務，代表了全球速食業界的一種標竿。

Unit **1-6**
品牌特性 —— 外向性、功能性

一、外向性

面對激烈市場競爭，品牌應展現外向性。品牌的外向能動性越高、越外向，它的生存力就越高！

(一) 新品牌：新加入市場的品牌，必須以更戲劇化的展示，獨特的視覺風格，簡單到消費者一眼就能看出其品牌特點。由於新品牌不斷湧現，忙著搶奪有限的市場，舊品牌為要鞏固市場、擴大占有率，品牌非外向不可。

(二) 舊品牌：企業為了生存，就要不斷透過品牌，向消費者展示其能動性，展示其對消費者的益處，以爭取消費者的認同度、熟悉感與信賴感。

(三) 品牌外向性策略：外向性常見的策略是，慈善奉獻（Philanthropy & Charity）、運動行銷（Sport Events）、綠色行銷（Green Marketing）、議題發揮、品牌廣告、國際參展、高速公路巨型看板等方式，都是品牌外向性的具體表現。

案例

1. 台塩針對綠迷雅銀妍系列商品，持續打出「不止寵愛顧客，而且要溺愛顧客」的外向服務訴求，以極大化品牌核心價值。
2. Kleenex原本是一個面紙的品牌，因其外向能動性，結果就成了「面紙」的英文單字。

二、功能性

品牌可以用來解決外在消費需求，以及透過品牌，就可以知道品牌的用途，這就說明了品牌的功能性。例如要洗衣服，有一匙靈洗衣精的品牌；要查英文字典，有所謂快譯通翻譯機；搭捷運有台北捷運悠遊卡；想喝茶有天仁茗茶等品牌。

品牌對消費者具有五項的功能：1.辨識產品的製造來源；2.降低購買搜尋成本；3.追溯產品責任、降低購買與使用風險；4.提供產品或服務一致的品質、推廣、通路、價格的承諾；5.象徵品質訊號。

三、品牌三大導向

(一) 體驗導向（Experiencial-Oriented）：品牌能滿足消費者刺激性，及多樣化的需求，以提供消費者在感官上的愉悅感與認知。

(二) 功能導向（Functional-Oriented）：品牌能引起消費者搜尋解決相關問題的產品需求，例如，預防問題以及解決問題的需求。

(三) 象徵導向（Symbolic-Oriented）：滿足消費者的內在需求，諸如社會地位的象徵、自我形象提升及自我豐富化等。

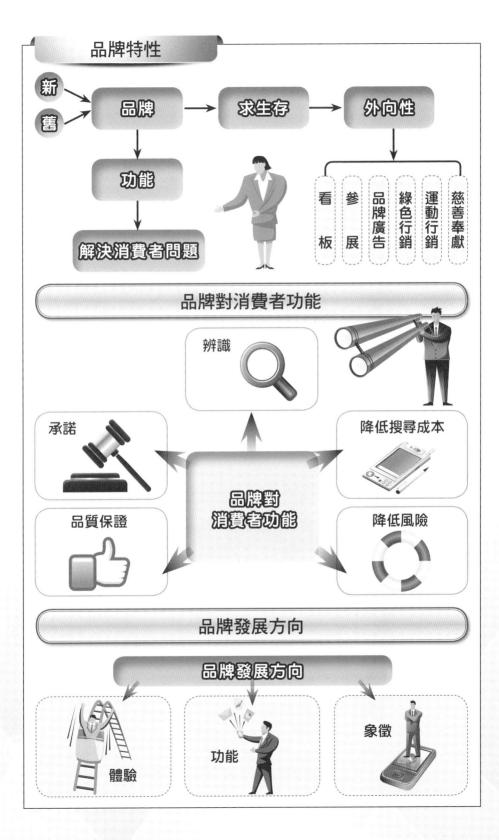

品牌特性

新
舊

品牌 → 求生存 → 外向性

功能

解決消費者問題

看板　參展　品牌廣告　綠色行銷　運動行銷　慈善奉獻

品牌對消費者功能

辨識

承諾

降低搜尋成本

品質保證

品牌對
消費者功能

降低風險

品牌發展方向

品牌發展方向

體驗

功能

象徵

Unit **1-7**
品牌特性 —— 文化性、特殊性

一、文化性

　　一個品牌如果成為某種文化的象徵，那麼它的傳播力、影響力和銷售力將是驚人的，因為這個品牌已占據了人類的心靈！

　　(一) 國際知名的品牌，大都擁有淵遠流長的歷史與文化。這表示他們抓到了消費者，深沉需求的重心。

　　(二) 品牌文化可透過消費者的移動向外傳播。

 案例

1. 寶鹼（P&G）在二次世界大戰之後，由於美軍進駐日本時，普遍使用了寶鹼的產品。寶鹼因此很快的滲透到日本市場，成為廣受消費者歡迎的品牌。
2. 新東陽牛肉乾或新竹米粉，在各國市場的銷售，也可歸因於人口流動（臺灣移民）的示範消費，所造成的文化滲透。

　　(三) 新時代設計重心：文化脈動為設計精神的所在，新時代的設計，設計師應掌握社會文化的脈動，作為設計參考，並將其反映在設計上，這樣才更能吸引消費者，而科技僅是技術輔助的工具。

 案例

　　大陸溫州特創的紅蜻蜓品牌，為顯示品牌的文化底蘊，不啻聘請學者編撰《鞋履文化辭典》，並在門市鞋區展示該辭典，以顯示其文化性的深厚。

二、特殊性

　　「特殊性」多半與形象風格、品牌聲譽、可得性、便利性、功能性，以及帶給消費者極大滿足感有關。譬如，香奈兒的品牌形象，給人一種貴氣逼人獨特感覺。

　　品牌要生存，就要與眾不同，大膽嘗新，展現突破傳統的差異化。

　　(一) 每一個品牌皆有其特殊性，最常見的兩個部分是，一是形象及個性風格為主，二是優良的產品功能。

　　(二) 品牌進入市場策略的差異性：進入市場策略包括OEM、ODM、自創品牌、品牌授權、品牌代理等。然而，究竟採用何種策略是最適當的，則因廠商自身能力的不同（包含設計、製造、財務、行銷、經驗、人脈等），有其不同的考量。

　　(三) 品牌本身獨特對消費者的承諾、貢獻，或成立茁壯的過程，所有的品牌故事，這些也都是品牌特殊性的內涵。

品牌擴散

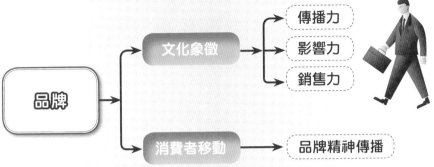

品牌特殊性

案例　麥當勞

1. 可口可樂成功地將美國人的精神和生活方式，融入到其品牌上。
2. 萬寶路展示了美國西部牛仔陽剛、豪邁的「硬漢」形象，並反映出勇敢、正義和自由的精神。
3. 星巴克營造出都市白領族群，一種忙中偷閒、講求品味和情調的咖啡文化。

Unit 1-8
品牌特性 ── 價值性、繁殖性

一、價值性

可口可樂CEO曾說：「即使可口可樂公司在一夜之間，被大火燒為灰燼，它在第二天就能重新站起來，因為可口可樂的品牌價值，高達 600 多億美元，這就是品牌的力量，是大火燒不掉的財富。」

(一) 品牌無形資產：商譽、專利權、商標權、品牌名稱、設計或模型、營業祕密，及消費者信任度等。

(二) 品牌有形資產：對企業有獲利能力的資產。

(三) 品牌主要利益

1. 品牌能創造顧客忠誠度，可以大幅降低行銷成本，再加上顧客能記得的品牌數目有限，品牌還可以創造進入障礙，增加消費者轉換成本。

2. 依據凱勒（K. L. Keller, 2003）的觀察，品牌主要利益可以歸納為十點：(1) 較大的忠誠度；(2) 面對競爭性行銷活動時較不脆弱；(3) 面對行銷危機時，較能經得起考驗；(4) 較大利潤；(5) 消費者反映漲價時較無彈性；(6) 消費者反映降價時較有彈性；(7) 較多商業（經銷商）合作與支援，較高之合作與支持；(8) 增加行銷溝通的效果；(9) 可能的特許機會；(10) 增加品牌延伸的機會。

二、繁殖性（Proliferation）

無論是現有品牌廠商推出新品牌，或是利用原品牌優勢，透過品牌延伸至新的產品範圍，或將品牌授權給其他製造商使用，以滲透至新市場，這些都算是品牌繁殖。

品牌繁殖是在20世紀 80 年代以後，才引起國際經營管理學界的高度重視。

(一) 狹義品牌繁殖：指將現有品牌繁殖使用到新產品之上的經營行為，這裡的新產品是指與公司原有產品在原理、技術和工藝結構所使用的主要原材料上，存在巨大差異的那些產品。

(二) 廣義品牌繁殖：將現有品牌使用到新產品之上，還包括將現有品牌使用到，經過改進的現有產品之上的行為。這種「改進」，包括口味、包裝、容量，甚至形狀的變化。改進的產品，不再是一種具體的產品，而是一條產品線。在這條產品線上，單個產品與產品之間，既存在著工藝、技術和結構上的相同之處，又存在著容量、口味、顏色等方面的差異。

(三) 繁殖策略：各品牌策略不同，以宏碁為例，就曾透過併購方式，讓旗下個人電腦的品牌，從一個擴增到四大品牌，如Acer、Gateway、Packard Bell及eMachines。

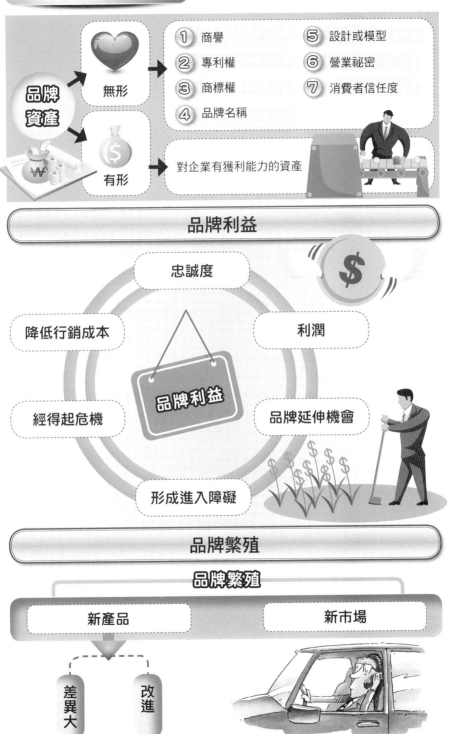

品牌資產

品牌資產	無形	① 商譽	⑤ 設計或模型
		② 專利權	⑥ 營業祕密
		③ 商標權	⑦ 消費者信任度
		④ 品牌名稱	
	有形	對企業有獲利能力的資產	

品牌利益

忠誠度

降低行銷成本

利潤

品牌利益

經得起危機

品牌延伸機會

形成進入障礙

品牌繁殖

品牌繁殖

新產品

新市場

差異大

改進

Unit **1-9**
品牌特性 ── 成本性

　　品牌經由長期的經營，才有可能成為「品牌資產」（Brand Equity），但它的前提是，企業要去經營及投資「品牌」。法國時尚教父迪迪埃‧戈巴客（Didier Grumbach）說，一個世界級的品牌，至少要 20 年的時間，才能養成。實際上，臺灣前20大品牌如巨大、康師傅與正新等廠商，都是在從事品牌投資多年之後，才發展成強勢品牌。

一、產品費用

　　根據 Brown（1985年）的研究指出，要推出一個新產品，並建立起全球一定的知名度，大概需要5,000萬到1億元美元的成本。

二、行銷費用

　　大部分在媒體出現的廣告，都是經由廣告主購買媒體時間，或購買媒體版面的付費傳播，想要快速嶄露頭角，花大錢砸廣告、參展、促銷、給予銷售獎勵金等，都要投入經費。例如，臺灣手錶產業ROSDENTON（勞斯丹頓）的品牌，一整年的行銷成本，就需要8,000萬元；2009年， Asus桌上型電腦、筆記型電腦，再度蟬連《管理雜誌》消費者心目中，理想品牌的第一名。華碩為推出次品牌Eee PC，則由董事長施崇棠親自領軍，參加全球最大CES消費電子大展，而且還投入1,000萬元的資金。

三、通路競爭

　　缺乏名氣或剛創建的品牌，若要切入主流的連鎖通路，靠的就是投入「資金」！例如，付費讓產品上架，而且要比競爭者高，否則，一旦競爭者付出更高上架費，就有可能將新品牌的產品全面下架。

四、消費者權益保護

　　國際市場大多會保障消費者，擁有絕對的解約權利（在一定期限內無須任何理由可以退貨），這些拆封使用過的產品，不能再當新品銷售，只能標註「水漬品」折價銷售，此類損失往往超過品牌廠商預期範圍。經營品牌是企業長期的承諾，代價很高，企業沒有足夠的決心與強度，可能會遭遇嚴重挫折。

　　做品牌不是有錢就可以，但是沒錢一定不行。因為品牌建立的背後，絕對離不開產品開發、商標設計、技術提升、品質監控、品牌廣告、市場行銷，若要引領時尚潮流，可能還要重金聘請日、港、韓偶像明星，這些都要投入成本。

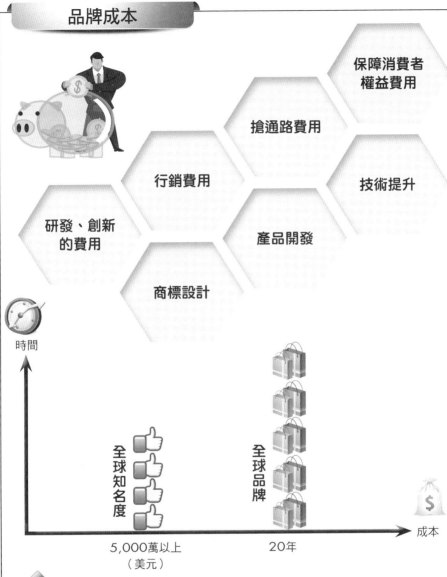

品牌成本

保障消費者權益費用

搶通路費用

行銷費用

技術提升

研發、創新的費用

產品開發

商標設計

時間

全球知名度

全球品牌

成本

5,000萬以上（美元）

20年

 案例 裕隆集團

　　以裕隆集團為例，當初投入數10億元開發「飛羚101」，目前又投入龐大資金，自創新的品牌。譬如，由旗下華創車電出面，支付技術報酬金方式，向法國馬特拉集團取得ESPACE底盤使用權，並將宏達電、億光、益通及華晶科技等公司，所開發的車載通訊系統、LED頭燈、太陽能天窗，及汽車影像安全系統等多項電子產品，先後裝置在雛形車上，這些都要花大筆的資金。至於BenQ，也是累積 300多億元資產時，才開始著手進行投資發展，這就顯示品牌要投入許多資金。

Unit 1-10
品牌特性 ── 替代性、危機性、戰鬥性、變化性

品牌正如同人的名字一樣，當市場繁榮之際，沒有品牌雖依然能發展，可是一旦市場危機來襲，他們則可能最早被淘汰出局，而且也不被紀念！

一、替代性

品牌經營要面對優勝劣敗的強者勝、弱者亡的高度競爭環境，當消費者選擇某一品牌時，自然就會替代其他品牌。故品牌與品牌之間，具有替代性！

(一) 分析替代品牌戰力：1.替代品牌的市場占有率、市場成長率及獲利情形。2.替代品牌的強點及弱點。3.替代品牌的目標及承諾。4.替代品牌的形象及定位策略。5.替代品牌過去策略及目前策略。6.替代品牌的成本結構。7.替代品牌退出障礙。8.替代品牌相關組織及企業文化。

(二) 注意品牌有形與無形的資產：如仿冒或專利權等侵蝕，以免造成企業的虧損。

二、危機性

品牌經營之路，看似耀眼，近看，卻發現布滿荊棘。品牌經營的危機來源，是多方面的。若沒有專業與特色，實難生存，即使有特色，也可能遭遇危機打擊！目前人類的生活，常被七萬多個品牌包圍著，每天要接收到超過五千則各種形式出現的廣告轟炸。企業稍有不慎，品牌的忠誠度，隨時都可能隨風而逝！

三、戰鬥性

品牌經營與生存的環境，並非和平的環境！品牌必須面對本土品牌及外來品牌的挑戰。在品牌具替代性的情況下，沒有一個品牌願意被取代。

(一) 品牌與品牌的戰場深受消費者的關注：目前由於受到全球化景氣寒冬的影響，各國產業都面臨日益嚴苛的衝擊，就更突顯品牌和品牌間戰鬥的激烈！而且戰鬥已從商品價值戰，提升到品牌的價格戰。如果企業不注意這個戰場的激烈性，任何的疏忽，都可能使市場占有率節節衰退。

(二) 在鬥爭激烈的成熟產業中，品牌生存既是腦力戰、資源戰，更是行銷戰：打贏的就可以在顧客的意識中，深深地植根品牌的印象，成為消費者的抉擇與偏好。顧客表現在品牌選擇行為上，可確切反映品牌間的鬥爭態勢。

四、變化性

「品」字三個「口」，代表多數人的口碑與想法，三個口也可以代表多數人的使用結果，當社會大眾都認同某品牌之後，自然會形成強勢品牌。當強勢品牌出現後，通常會擁有品牌知名度、品牌認知度、品牌聯想和品牌忠誠度等四方面的資產。不過這三個「口」會隨時間改變，如果商品或服務的期望品質，出現與品牌所承諾的差距過大。例如，雪印奶粉曾造成日本萬人中毒、三菱汽車瑕疵導致車毀人亡、三鹿奶粉傷害許多無辜嬰兒。三個「口」所帶出來的想法，將重創該品牌。

替代品牌之戰力分析

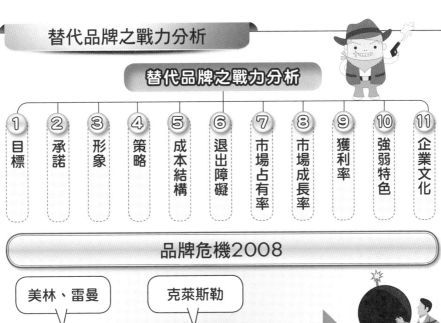

替代品牌之戰力分析

| ① 目標 | ② 承諾 | ③ 形象 | ④ 策略 | ⑤ 成本結構 | ⑥ 退出障礙 | ⑦ 市場占有率 | ⑧ 市場成長率 | ⑨ 獲利率 | ⑩ 強弱特色 | ⑪ 企業文化 |

品牌危機2008

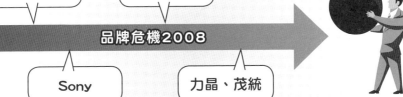

美林、雷曼　　克萊斯勒

品牌危機2008

Sony　　力晶、茂統

品牌戰鬥

| ① 創新戰 | ② 腦力戰 | ③ 行銷戰 | ④ 資源戰 | ⑤ 通路戰 |

 ## 案例　2008年的金融危機

　　2008年的金融危機，使品牌經營環境極遽惡化，因此造成許多百年老字號的品牌，如義大利的時尚產業品牌、美國金融業（雷曼兄弟、美林）、汽車業（通用汽車、克萊斯勒）品牌、韓國（三星）品牌、我國半導體產業品牌（力晶、茂德）、日本電子產業（Sony）、德國高級瓷器和餐具的代名詞Rosenthal品牌、全球原物料產業等品牌，幾乎都在生死邊緣掙扎。

第 2 章

品牌發展

●●●●●●●●●●●●●●●●●●●●●●●●●● 章節體系架構 ▼

Unit **2-1**
品牌貢獻（一）

中華民國企業特色：(1) 應變速度快；(2) 強烈的企業理念；(3) 奮戰精神；(4) 具彈性；(5) 成本控制；(6) 具風險意識；(7) 缺少建立自有品牌，作為提升附加價值的策略！目前全球面臨需求疲弱的困境，企業不但要「產品創新」，更要投入資源，努力建構屬於自己的品牌。品牌對企業的貢獻，有以下九點，因內容豐富，特分二單元介紹。

一、提升利潤

在貧富差距極大的「L」型社會，出現高價商品不在乎價格，低價商品則是錙銖必較的消費特色。企業若能跳脫純代工的經營模式，建立自有的品牌，就有可能提升產品附加價值，提升企業利潤。法籍設計大師Philippe Starck指出，全球前百大品牌，與亞太前百大品牌的代工廠，其淨利比是57:1。此則凸顯品牌與代工利潤的懸殊差異。

實驗

趨勢科技董事長進行一個品牌實驗，他將可口可樂倒入礦泉水的瓶子，拆掉瓶身所有包裝，看起來像是一瓶黑黑的陰溝水。上課時，找一位調皮搗蛋的學生，命令他喝下。這位學生嚇壞了，以為在處罰他，一直道歉，卻拒絕喝「陰溝水」。最後，告訴他這裡面裝的是可口可樂，他馬上願意花20元喝下。

二、提高知名度

品牌知名度→品牌效益與價值。品牌知名度（Brand Awareness）的高、低，會影響消費者的購買意願。高知名度的品牌，則易增強消費者的購買意願，並會顯著高於低知名度品牌的購買意願。

三、強化競爭力

當企業擁有強勢的品牌，就可以獲得競爭的優勢，這些優勢包括：1.提高商品的鑑別度與知名度；2.建立競爭者進入的障礙；3.較易在貨架上為消費者選中（購買率提高）；4.在競爭者的促銷壓力下，具有抗壓性及復原力；5.使後續品牌成功的延伸機會；6.享有較高額的利潤，以及直接創造企業更強的競爭力。

四、保護產品

法律對於有品牌的產品，具有保護的作用。設若被仿冒或擅自使用本企業的品牌，則可透過對相關單位的檢舉，由公權力進行調查。如果確認是惡意侵害，對方除了民事賠償責任外，還會受到刑罰處分。但如果沒有品牌，被抄襲、被模仿又能如何？

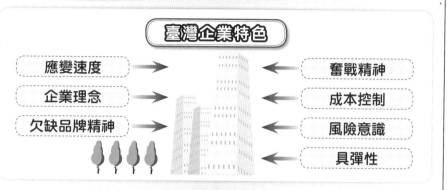

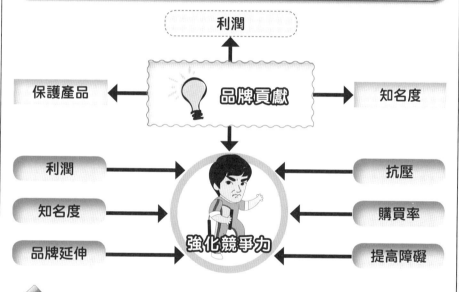

025

案例一

　　創設於2001年的法藍瓷（FRANZ）負責人陳立恆說：「代工時，10元的產品我只能賺1元，但產品到了客戶手中，掛上品牌，卻可賣到30元，這就是品牌的經濟價值。」

案例二

　　后里薩克斯風的代工價一支約8,000元，掛上知名品牌後，售價則飆到20萬元。

品牌貢獻（二）

不做品牌，有大危機！因為我國競爭對手國，正積極推動整體品牌形象及加強宣傳，我國若仍是以代工為主，不但微利，而且被取代的風險極高。

五、增加永續生存能力

目前全球正往扁平化發展，發展品牌，具品牌形象者，較能增加永續生存的能力。譬如，法國皮包、義大利皮靴、瑞士手錶、英國瓷器、美國運動鞋等品牌，在消費者心中已產生一定程度的魅力。

六、降低危機

自有品牌可避免國外客戶抽單，所造成無法繼續營運的不確性，同時又可防止代理權的不確定性，以及掌握品質與供貨的穩定性。

七、逆勢突圍

2012年以來，歐債風暴和美國經濟萎靡夾擊，市場消費信心普遍不振，品牌若能致力爭取消費者認同、承諾上的努力，就易逆勢突圍。

八、為國創匯

拚成本的「汗水經濟」，對國家經濟貢獻有限。在「全球百大品牌」中，許多品牌的價值，比國內大型企業集團的年營業額還大，這證明了品牌建立對於國家營收的重要性。

九、提升國家競爭力與知名度

目前各國政府大多積極鼓勵國內企業，發展品牌進軍國際市場，為國家創造營收，更可提升整體臺灣產業形象。

根據暢銷財經書作家佛理曼（Thomas Friedman）《世界又熱、又平、又擠》一書，對當前世界經濟局勢的描述，就如同一輛失速的巨型卡車，油門已經卡死，而且鑰匙還弄丟了。在這樣嚴重的不景氣時代，策略大師波特大聲疾呼：「正是這樣的時候，領先者可能會變成落後者，落後者也可能會變成領先者。」因為在這個艱困時刻，產業的規則、秩序解凍，企業發展品牌是生存之道。品牌若能搭配創新策略，效果更佳！

 案例

蘋果在眾多品牌包圍下，當創新推出iPad和iPhone後，立即拉開了和筆記型電腦及智慧型手機的差距，開創了破壞式創新。2年間，惠普、諾基亞、戴爾，市場占有率立即大幅滑落，而蘋果則逆勢突圍。

品牌貢獻

永續生存

國家競爭力與知名度

避免危機

品牌貢獻

為國創匯

逆勢突圍

降低危機

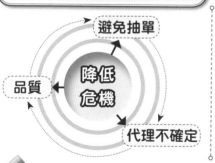

避免抽單

品質

降低危機

代理不確定

企業生存之道

品牌 ＋ 創新

企業生存之道

案例

　　曾經有一家本土鐘錶公司，代理了瑞士名錶，經過近20年的拓展，終於把該瑞士名錶，打造成代表權勢地位與財富的象徵。名流、士紳、財主，莫不以擁有該瑞士名錶為榮。但是，20年的代理，與市場開拓的辛勞，卻因瑞士錶廠不再授權新的決策之下，所有努力付諸流水！

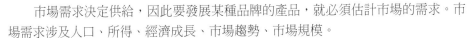

Unit **2-3**
評估品牌發展能力

一、市場需求

　　市場需求決定供給，因此要發展某種品牌的產品，就必須估計市場的需求。市場需求涉及人口、所得、經濟成長、市場趨勢、市場規模。

　　譬如，印度10億人口，教育市場龐大，但因貧富差距大，而且貧者極龐大，因此推出廉價的品牌筆記型電腦，就有很大的市場需求。

二、品牌發展決心

　　有品牌發展的決心，成功的可能性，就比較高；反之，若沒有發展決心，即使投入再多的資源，可能也是惘然。企業發展品牌的決心，有五個指標可觀察。

　　(一) 經營者有無長期經營品牌的強烈企圖。

　　(二) 有無去發掘企業相關產品或服務等品牌特質潛力。

　　(三) 有無去增強內部管理潛力、外部溝通潛力（如品牌廣告、品牌形象）。

　　(四) 有無長期維護顧客關係。

　　(五) 有無主動認證。

　　諾貝爾醫學獎得主伊格納羅（Louis Ignarro），發明「威而鋼」品牌，他對品牌發展，表示：「找到一個目標，然後用盡全力去做到，如此而已！」

三、品牌發展執行力

　　品牌發展需要經年累月的努力，才能獲得市場的肯定。其中的執行力，扮演重要的關鍵角色。執行力可區分三個部分：

　　(一) 整體企劃及可行性：品牌發展計畫架構、規劃縝密性，以及是否符合建立品牌管理作業模式的需求。

　　(二) 團隊執行力：1.公司核心競爭力；2.可運用及分配的資源；3.執行團隊相關專案管理的經驗；4.是否有類似發展的品牌經驗；5.團隊合作與腦力激盪來解決問題的能力。

　　(三) 資金效率：對於有限的品牌經費，其估算與分配的合理性，與使用的效率。

四、政府政策

　　政府政策會影響產業與品牌的發展，所以品牌能否抓住潮流脈動，以及政府產業政策的方向，也是品牌能否發展的關鍵指標。譬如，歐盟2012年起禁用所有燈泡。因此，點亮120年的燈泡產業，就此結束。節能省碳的LED（發光二極體）產業，就成為新世紀光源。政府政策不同，產業及品牌的發展，差別也很大。

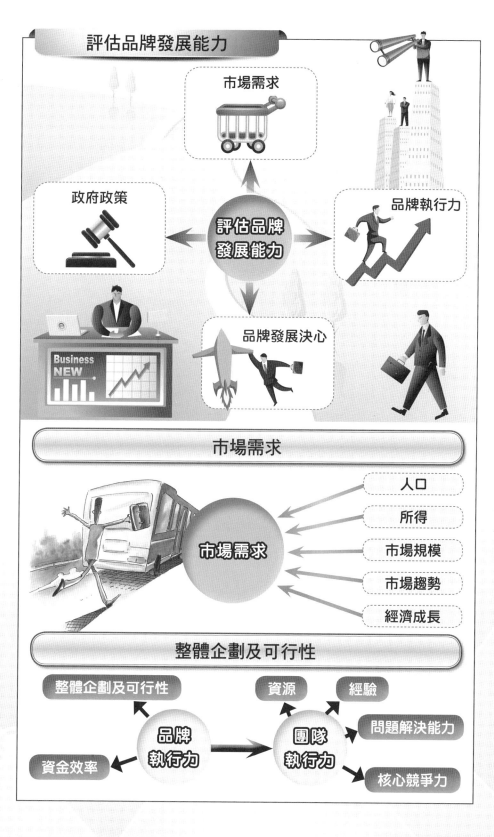

評估品牌發展能力

市場需求

政府政策

評估品牌
發展能力

品牌執行力

品牌發展決心

Business
NEW

市場需求

市場需求

人口

所得

市場規模

市場趨勢

經濟成長

整體企劃及可行性

整體企劃及可行性

資源

經驗

品牌
執行力

團隊
執行力

問題解決能力

資金效率

核心競爭力

Unit 2-4
品牌發展條件

　　品牌發展是有基本條件，基本條件越強，對於品牌後續發展的成功機率就越高。這些基本條件主要有六方面。

一、人才面

　　企業品牌發展以人才為本，沒有足夠的品牌人才，尤其是品牌領導人才，都將會限制企業的發展。

　　(一) 傑克‧威爾許（Jack Welch）擔任奇異（GE）公司的執行長（CEO）長達20年，在他卸任前，奇異各事業部在市場，皆排名一、二。

　　(二) 1993年國際商業機器公司（IBM）正面臨方向迷失、利潤下降等兩大危機，葛斯納（Lou Gerstner）隨即承擔董事長兼執行長一職，將 IBM分拆為多個獨立的公司，並重新塑造了IBM，最後該品牌因他領導之故，又聲名鵲起。

二、財務面

　　建立品牌一定需要投入資金（品質研發、包裝設計、行銷、網站建置），如果財務本身就有問題，企業內部士氣就不高，這就不利於品牌的持久戰。在衡量企業這方面的實力指標，以目前銷售成長情形、目標市場占有率、獲利能力及資產報酬率等，四大變數最為關鍵。

三、產品面

　　品質是品牌的最根本必備條件，沒有優質的產品，品牌不過是曇花一現。產品面觀察的指標是，產品（服務）品質、研發創新，及差異化的能力。

四、產業變化速度

　　產業的技術變化速度慢，如食品業，則適合發展品牌。產業變化速度過快，生命週期過短，發展品牌則要考慮。如Nokia，不會因為發展品牌更早，就比蘋果更有競爭力。

五、行銷面

　　行銷如果出現問題，即使擁有再好的產品，消費者可能買不到（通路問題），也不願意購買（價格與服務問題）。在行銷面觀察的指標是，企業對消費者尊重程度，同時應比較競爭者及自我的分析，還有品牌國際化的決心與外銷比例。

六、企業文化面

　　企業整體戰力是品牌成功的保證，企業全體上下若能同心協力，實踐對消費者的品牌承諾自然會做出口碑與形象。在企業文化這個規範，觀察的指標是，員工認同品牌理念的程度、品牌企業形象良窳、高階主管品牌領導力。

品牌發展條件

人才

財務

其他廠商

產品

行銷通路

文化

產業變化速度

品牌發展條件

品牌財務指標

銷售

市占率

品牌財務
應注意

獲利能力

資產報酬

知識補充站

其他廠商配合度

蘋果需要富士康，Nike需要寶成工業的配合。幾乎很少產品的發展，能從頭到尾都由一個廠商，來獨力完成的。所以當投入品牌發展時，必須考慮其他廠商的配合度。

Unit **2-5**
品牌提高購買意願與擴大利潤

圖解品牌行銷與管理

一、品牌提高購買意願

　　品牌創造顧客的夢想，而產品是夢想的核心。隨著全球競爭程度越來越高，商品資訊氾濫成災的市場，品牌往往是消費者，選擇商品的明燈。

　　(一) 提高購買意願：品牌建立知名度以後，消費者對於特定品牌的偏好，即使該品牌產品與其他品牌產品，並無實質上的差異，消費者仍願意支付較高的價錢；或是在相同價格下，消費者將選擇其偏好的品牌產品。

　　消費者因這個品牌的承諾與價值，而購買該商品的背後關鍵因素是：

　　1.品牌可以帶給顧客購買信心。

　　2.品牌可以提供顧客的社經地位與群體認同（名牌心理）。

　　3.增加顧客在使用時的滿足感，藉此帶給顧客很高的價值。

　　(二) 在消費者意識形態高漲的情況下，企業品牌形象的影響力，已遠高於價格因素！

032

案例

　　多年前，曾有一位老教授自己設計產品後，並找工廠開發出來，但是產品上市之後，卻叫好不叫座，主要還是因為它沒有品牌！所幸有一個機會，讓皮爾卡登（Pierre Cardin）品牌找上門，當Pierre Cardin掛在這些汽車用品上時，最後的結局是—「大賣！」

二、擴大利潤

　　品牌是企業的無形資產，更代表企業的承諾，當企業的承諾被市場認同、肯定，就能為企業帶來極高的經濟效益。

　　品牌廠商得到毛利，可以達到二位數，而OEM的廠商，毛利卻僅有1位數。而且常見的現象是，品牌客戶開出規格數量後，拚命壓低購買價格，OEM廠商在同行的競爭壓力下，只能靠大量生產，及優越的生產執行力，努力達成品牌客戶的要求。

　　(一) 以Nokia品牌廠商與代工廠商為例，兩者的利益失衡比是50：1。

　　(二) 美國《商業周刊》在一項調查中也顯示，以品牌行銷為主的前100名企業，其所創造的獲利盈餘，與亞太地區代工廠前100名之獲利盈餘相較，兩者獲利相差達57倍之多，足見發展品牌對於企業，可帶來豐厚的利潤。

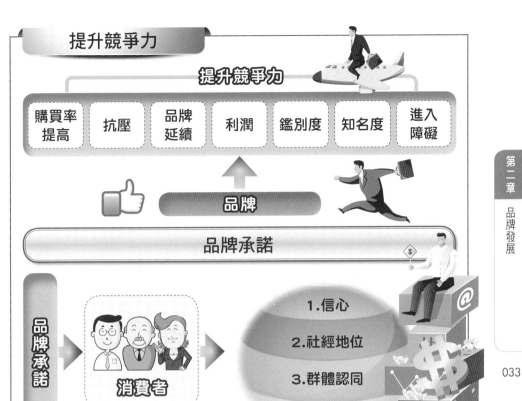

提升競爭力

提升競爭力

| 購買率提高 | 抗壓 | 品牌延續 | 利潤 | 鑑別度 | 知名度 | 進入障礙 |

品牌

品牌承諾

品牌承諾 → 消費者

1.信心
2.社經地位
3.群體認同
4消費者滿足感

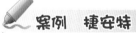 **案例　捷安特**

　　腳踏車掛上捷安特的品牌之後，就比市場上其他同級產品，貴上20-25%，這代表了捷安特的選車資訊和建議、售後服務以及品質保證。

 案例　Nike

　　只要打上Nike勾形圖案，不論在哪裡製造，就會在消費者心中產生更高價值的認定，並願意付出更高的消費金額。

 案例　阿原肥皂

　　一塊普通肥皂頂多十幾元臺幣，但具有品牌的國產「阿原肥皂」，則能賣到200-300元，可見名牌商標可以為企業，創造更高的回饋，這種回饋包括了利潤空間、消費忠誠等有形或無形的價值。尤其是當企業擁有了品牌忠誠度，則更能為企業帶來價格溢酬的好處。

Unit **2-6**
品牌效益

一、品牌價值

　　品牌價值是指品牌喚起注意者思考、感受、知覺、聯想的特殊組合。具良好形象的企業品牌，當在市場推出新商品，或成立新事業時，較會受到消費者的接受及認同，更容易進入市場。

二、品牌效益

　　(一) 消費者利益：1. 便利性；2. 讓購買者快速取得資訊，達到溝通的目的；3. 廠商對消費者的保證與承諾。

　　(二) 經營者利益：1. 建立顧客關係；2. 增加銷售速度與效率；3. 降低行銷成本；4. 品牌企業獲利可高達50%以上，但是代工的利潤卻非常的微薄；5. 有助於永續生存。

三、對企業整體發展而言

　　企業可經由製造業授權、服務業加盟，甚至企業不需要廠房設備，就可以賺取大筆利潤。對於企業應付變局以及永續生存，都是有幫助的。

　　(一) 利潤升級：在全球化的挑戰，以及受到國際品牌業者強烈壓迫下，代工僅有微薄的代工費用。在面臨成本壓縮極限下的毛利，企業若發展品牌，才能提升在產銷價值鏈中的價值。

　　(二) 企業升級：當企業利潤大幅提高後，則有助於研發創新的投入，此舉有助企業升級。

四、國際品牌價值調查

　　品牌的經營，會影響消費者主觀的偏好。從可樂到汽車業，從電腦到珠寶商，每一個國際知名品牌價值，背後都帶給企業某種程度的商業價值。

五、2013年「全球品牌價值調查」排名（括號內為2012年排名）

　　全球品牌價值第1名至第10名依序為：1.蘋果（2）；2. 谷歌（4）；3. 可口可樂（1）；4. IBM（3）；5. 微軟（5）；6. 通用電器（GE）（6）；7. 麥當勞（7）；8. 三星（9）；9. 英特爾（8）；10. 豐田汽車（10）。

　　蘋果是2013年全球最有價值的品牌，根據Interbrand Report的估計，其品牌價值為983億美元（約3兆臺幣）。

品牌效益

對消費者而言

- ①便利
- ②資訊與溝通 ── 展示／識別
- ③保證與承諾 ── 可靠／保護

對經營者

- ①建立顧客關係
- ②增加銷售速度
- ③降低行銷成本
- ④提高獲利
- ⑤永續生存

對企業整體發展

- ①利潤升級
- ②品牌升級

知識補充站

國際品牌價值調查

（一）自2000年起，國際品牌價值調查公司（Interbrand Group）與美國《商業周刊》（*Business Week*），都會針對全球品牌公司進行鑑價活動。

（二）我國則是由經濟部國貿局主辦，外貿協會執行「臺灣國際品牌價值調查」。

Unit **2-7**
品牌辨識

　　要讓顧客認識「你是誰？」要使這個品牌有明確的身分，能獲得顧客的認同。若品牌難以辨識，品牌忠誠度又如何能穩固？品牌忠誠度不穩固，就根本不用談品牌價值！所以品牌辨識率是品牌忠誠度的基礎，更是品牌價值的保證。

一、品牌效力

　　品牌能增加產品或服務的辨識率。
　　(一) 短期效力→創造出市占率（Share of Market）；
　　(二) 長期效力→累積成心占率（Share of Mind）；
　　(三) 終極效力→永續生存、基業長青。

二、為何要增強品牌辨識？

　　(一) 建立競爭優勢：目前產品琳瑯滿目，價格激烈競爭，品牌使消費者，輕易認出產品或服務的供應者，因此企業打造品牌，已成為刻不容緩的當務之急。

　　(二) 樹立獨特形象：品牌可以賦予商品形象，產生商品的獨特性格，並構成辨識的重要指標。

　　(三) 提供保證：品牌是消費者認識產品的重要媒介，也是產品來源及品質的保證，更可以節省消費者的選購時間！如此，不僅有助於保留老客戶，更可以經由老客戶的介紹，來吸引新客戶。

　　(四) 鞏固市場：透過品牌的辨識，品牌能吸引消費者的注意，鞏固高忠誠度的消費群，進而有助於企業來區隔市場，建立長期正面的形象。

　　(五) 信譽與價值：品牌的辨識，一旦深植消費者心中，其實用性與信譽價值，就不容易改變。因此，創造理想品牌的經營者，只要充分發揮品牌價值和影響力，就更能擴大其市場，進一步贏得消費者的支持。

三、如何增強品牌辨識？

　　成功的品牌，譬如自行車的捷安特、手錶的勞力士、影音光學產品的Sony、名筆的萬寶龍、女裝的香奈兒、皮件的LV、華碩的Eee PC、品客洋芋片、伯朗咖啡、日立、飛利浦、Motorola等，都有獨特的品牌辨識。

　　增強品牌辨識的方法如下：

　　(一) 廣告：當一個人一再看到、聽到或想到某一品牌時，這個品牌就會牢記在記憶中，從而增強對該品牌的辨識能力。(二) 企業可利用口號、標語、聲音、標誌、象徵物、包裝等來強化。(三) 顧客的口碑。(四) 設計。(五) 品牌代言人。(六) 服務品質。

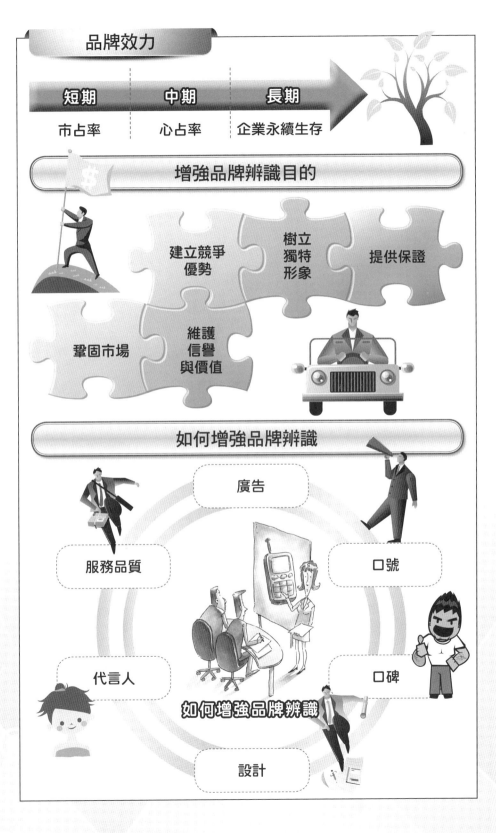

品牌效力

短期　　中期　　長期

市占率　　心占率　　企業永續生存

增強品牌辨識目的

建立競爭優勢

樹立獨特形象

提供保證

鞏固市場

維護信譽與價值

如何增強品牌辨識

廣告

服務品質

口號

代言人

口碑

如何增強品牌辨識

設計

第 **3** 章

品牌規劃（一）

 章節體系架構 ▼

Unit 3-1
品牌核心價值

德國工業設計家Bernd Loebach在《工業設計》（*Industrial Design*）一書中指出：設計＝目的＋計畫。以此公式而論，當企業有了建立品牌的目的後，接下來就是計畫品牌核心價值。

品牌核心價值究竟是什麼？品牌所蘊藏的價值，又是什麼？

一、品牌核心價值

品牌核心價值是企業，對消費者的一種承諾與保證，這項承諾與保證，也是品牌定位之所在。所以品牌企業要考慮，究竟要對消費者承諾什麼？保證什麼？為什麼能夠有這種保證與承諾？又如何使保證與承諾兌現？

二、品牌核心價值來源

1.企業內部→經營使命與企業願景；2.消費者真正的需要；3.專業能力。

三、企業使命及願景

品牌的核心價值，要服從於企業使命。無論是宏碁的Acer或是明基的BenQ等，都是依據企業的使命及願景，來規劃其品牌核心價值。對市場進行分析時，必須研究長遠影響市場的一切因素，而非一些短期性的影響因素。對企業本身而言，企業的使命及願景就是長遠因素。企業的經營使命，界定了企業的經營範圍所提供的產品或服務的方式，以及為顧客創造的真正價值。實際的作法應從消費者著手，並進行市場調查、訪談。如果脫離消費者的真正需求，那麼這些使命與遠景都是不切實際。

四、消費者真正的需要

成功的品牌，對消費者有明確的價值訴求，且能讓自己的價值訴求，與消費者相互呼應。企業在建立品牌核心價值的基礎時，應該對這些議題有深入的了解。只有理解了以上的議題，才能為企業的將來，建立恆久的發展基石。

五、品牌核心價值規劃

內部溝通（市場需求；高層理想；能力；經營環境）→品牌定位→消費者承諾→確認品牌核心價值→開發符合核心價值的商品→幫商品找定位→區分屬性→品牌故事→宣傳造勢。品牌核心價值規劃，是浩大的工程，要經過長期的努力與堅持，才能獲得品牌權益！

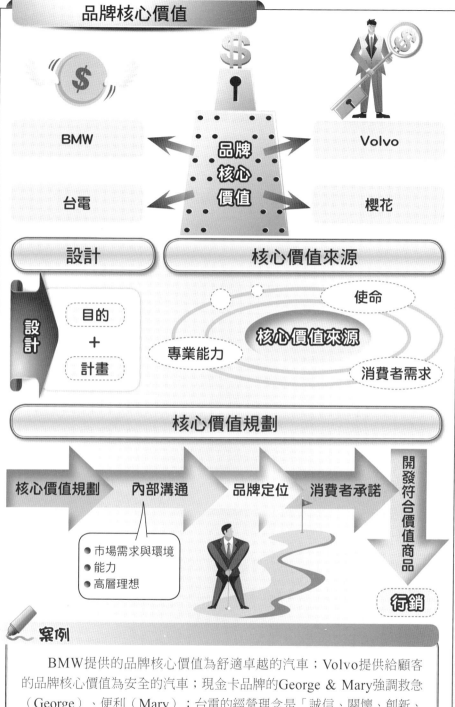

品牌核心價值

BMW

Volvo

台電

櫻花

品牌
核心
價值

設計

設計

目的
+
計畫

核心價值來源

使命

核心價值來源

專業能力

消費者需求

核心價值規劃

核心價值規劃　　內部溝通　　品牌定位　　消費者承諾　　開發符合價值商品

● 市場需求與環境
● 能力
● 高層理想

行銷

案例

　　BMW提供的品牌核心價值為舒適卓越的汽車；Volvo提供給顧客的品牌核心價值為安全的汽車；現金卡品牌的George & Mary強調救急（George）、便利（Mary）；台電的經營理念是「誠信、關懷、創新、服務」；櫻花的承諾為：1.永久免費廚房健檢；2.油網永久免費送到家；3.熱水器永久免費安檢。

Unit **3-2**
品牌核心價值檢視

圖解品牌行銷與管理

企業的核心價值（Key Success Factor, KSF）可以從四方面檢視，即企業本身、消費者、競爭者及經營環境，分述如下。

一、企業本身

以華碩為例，其所強調的「堅若磐石」核心價值，但實際上呢？品質真的符合「堅若磐石」，還是低於「堅若磐石」。執行此核心價值，市場反應如何？有無調整必要？如果都是正面，就該精進；設若沒有，就該調整。

二、消費者

消費者真正的需要，是企業內部核心價值的基礎。唯有了解消費者真正的需要，才能有機會，精確的滿足消費者的需求。

(一) 品質：經營品牌最關鍵的地方就在於品質，一旦失去品質，整個品牌價值就失去信任。根據 2008年中華民國經濟部的調查顯示，無論是一般商務人士或者高階主管，甚至是不同年齡層或者不同性別者，在挑選品牌時，最重視的因素，都以「品質」居首。品質需要嚴格要求與堅持，義美食品、胖達人、山水米、乖乖、大統長基食品公司，就是因不道德，而失去消費者的信任。

(二) 品味：品味是超越品質，它是→藝術美＋專業美＝品味。

(三) 消費者滿足感：品牌在消費者的認知中，代表何種意義？是否逐漸模糊失焦？品牌與消費者的溝通管道，是否出現警訊？這些是企業的核心價值，所應重視的議題。

三、競爭者

品牌並不等於印在宣傳手冊，或放置在企業網站上的圖案標籤。因為甲企業會放圖案標籤，乙企業也會，因此競爭者也是建構核心價值的關鍵。

1.靜態分析：靜態分析著重本身品牌與競爭品牌的強點（Strength）、弱點（Weakness）、機會（Opportunity）、威脅（Threat），與問題、主要銷售族群，及市場發展趨勢。2.動態分析：分析本身品牌與競爭品牌的策略與市場占有率。

四、經營環境

本企業的核心價值，與經營環境的需求，是否一致？還是相悖？檢視指標有1.人口與社會結構；2.所得與貧富差距；3.政治與決策環境；4.經濟環境；5.法律環境；6.科技環境；7.稅制；8.生產要素供需與成本環境；9.競爭環境。

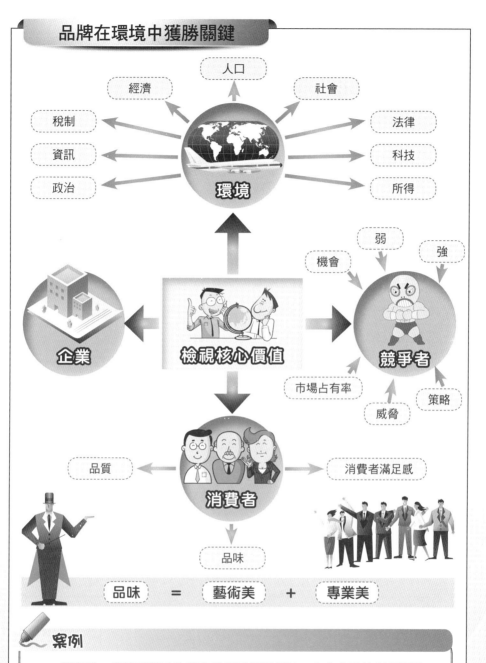

品牌在環境中獲勝關鍵

品味 ＝ 藝術美 ＋ 專業美

案例

　　隨身碟：當競爭對手的隨身碟都是塑膠製時，上市公司的創見資訊，則選擇用設計LV的精神來製作隨身碟，利用金屬材質來打造精品感，雖然製程相當複雜，卻更能突顯產品的價值。

　　中國大陸的海爾集團，不計代價將不合格的產品（冰箱）砸掉，以樹立「真誠到永遠」的核心價值，品牌也因此迅速建立知名度。

Unit **3-3**
品牌核心價值檢視 ── 趨勢分析

趨勢就是發展，或變化的大方向。從品牌變遷史來看，品牌能否發展，端視有無符合產業大趨勢。品牌發展與大趨勢相符者，旺！相離者，危！相悖者，亡！

一、了解趨勢

系統是一組互相倚賴，所組成的部分。要系統式觀察產業的動態變化，才能了解趨勢，而不會被一時風潮所迷惑。

(一) 系統觀察「什麼正在改變」、「為何會發生」，然後推想未來的 3-5 年內，這些趨勢可能的變化。

(二) 趨勢不必然是由某層階，來領導流行。要觀察整體消費趨勢的變化、消費者的生活形態等綜合因素，加以評估。

二、趨勢會改變

趨勢是因為人口結構、經濟因素、市場法規、新技術發明、政府財政、地球暖化、地震、瘟疫、戰爭等變化，進而產生消費需求的變化。沒有看到趨勢改變，對於品牌企業就是威脅。

案例

手機已經取代相機、遊戲機、鬧鐘、收銀機、計算機等。生產相關的品牌企業，若未發現趨勢改變，而有所因應，從市場消失，只是時間的問題。

王安電腦早期的崛起與獨霸，卻因未認清市場趨勢，最後竟快速消失。

柯達軟片因未能先了解數位相機的趨勢，造成企業幾無立錐之地。

三、目前大趨勢

全球化趨勢、網路化趨勢、少子化趨勢、高齡化趨勢、「宅經濟」趨勢、貧富懸殊趨勢、綠色能源趨勢等。在這些產業大趨勢之外，每一種產業的內部，還有自己的趨勢。譬如，3C電子產品，輕、薄、短、小的趨勢。

四、趨勢背後

每一個產業大趨勢的背後，都潛藏著機會與威脅。目前的世界潮流，蘊藏在節能減碳、銀髮族的照護保健等趨勢背後，其實充滿著無限商機，值得企業在此建立核心價值。

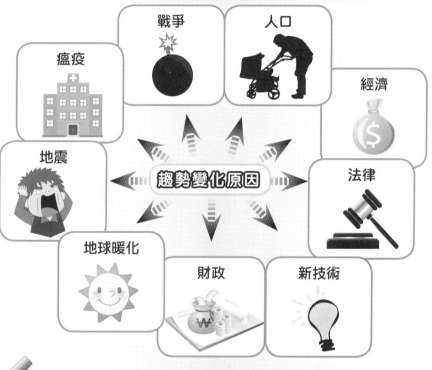

 案例

　　「宅經濟」趨勢：「宅男」、「宅女」因整天窩在家裡，看DVD、玩線上遊戲、看漫畫、逛網路拍賣平臺等，因此讓相關產業，能逆勢成長。

　　2009年9月，歐盟禁止銷售100瓦白熾燈泡，2012年全面禁用白熾燈泡。企業若是從中找到減碳及綠能的趨勢，然後運用創造力，必能抓住商機。

Unit **3-4**
品牌設計與規劃

　　品牌核心價值的實踐，就是要靠品牌總體規劃，才能具體落實。唯有總體規劃，才能吸引消費者的目光，讓消費者認識自家品牌，並在購買產品後，對其產品滿意產生喜愛，成為該品牌忠誠的愛用者，達到促進企業銷售利潤的目標。

一、品牌設計與規劃

　　建立品牌所涉及的層面極廣泛，要做的事很多，這些均需要全面的規劃與管理。

　　(一) 產業快速變化、競爭激烈，品牌設計的規劃，就更突顯其重要。若規劃錯誤，企業就等於在錯誤的戰場上，打了一場不該打的仗！

　　(二) 在消費性電子領域中，有許多造型與概念，都是設計相當棒的產品，可是上市沒多久，就面臨停產的命運！主要原因常是欠缺整體規劃。

二、品牌規劃的內涵

　　品牌規劃涵蓋品牌定位、品牌策略、品牌精神、理念、組織、外觀、價格、廣告、公關、商標、包裝、故事、產品功能、通路安排、活動贊助、社會議題、名人代言、店面設計、品牌識別、品牌聯想、產品研發設計、訊息設定與傳遞、使用者形象及消費者體驗等議題。

案例

　　餐廳的品牌規劃：除了要找到好廚師之外，品牌定位、餐廳名稱、地點、店面設計、視覺設計、裝修規劃、網站規劃、定價等，都需要規劃。

三、品牌設計與規劃團隊

　　品牌團隊是品牌建設，總體工程的靈魂關鍵角色。在推動這項工程時，品牌決策團隊與品牌管理團隊，各有不同的分工與任務。

四、品牌設計與實踐

　　品牌設計團隊主導品牌的設計與規劃，但設計完成之後，則是由企業總體人員與組織接手，完成對消費者承諾的具體實踐。如果沒有組織研發、技術能力與熱誠服務的配合，這個品牌是不能帶給消費者價值與承諾。

　　(一) 品牌團隊與跟隨在後面的部門組織，必須前後一貫，避免落差。因為不是只有品牌設計團隊，所設計的才重要，後續與消費者接觸的完整的配套服務，才是更關鍵。如果對客戶的消費體驗差，品牌設計團隊的努力就枉費。

　　(二) 目前企業仍普遍存在品牌建立，等同於行銷部門活動的誤解，而忽略了品牌的建構，屬於整體性企業經營，需要由組織進行全方位規劃與管理。

品牌規劃層面

品牌規劃層面

設計　品牌定位　品牌精神　品牌組織　品牌故事　商標　行銷　通路　識別

餐廳品牌規劃

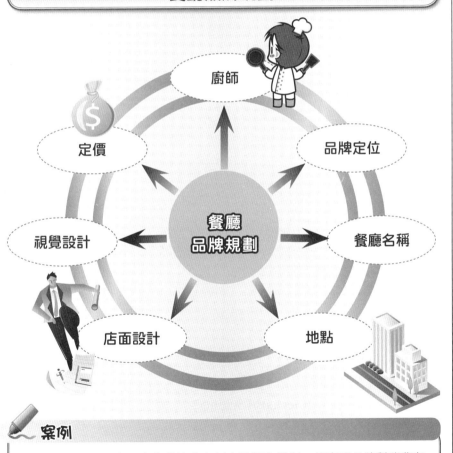

廚師

定價

品牌定位

視覺設計

餐廳
品牌規劃

餐廳名稱

店面設計

地點

案例

　　IBM公司內有一套完善的典章制度及運作機制，能實現品牌對消費者所做的承諾。

Unit **3-5**
品牌設計也需要管理

品牌設計不是單打獨鬥，而是需要群策群力的組織戰。既然是組織戰，就須要周詳的思考與管理。

一、成立品牌管理團隊

品牌領導組織應提出品牌策略，發展有前景的產品，並能診斷、處理品牌問題。

(一) 讓「職位」與「職能」匹配，透過工作分析與工作設計，清楚定義每位設計團隊，工作的範疇與績效指標。

(二) 管理的關鍵：品牌經營是長期的組織戰，要有長期的經營理念、品牌領導的組織機構、明確品牌戰略的核心地位、企業的品牌文化、行銷溝通的職能。如此才能提升品牌形象、累積品牌資產，達到對顧客的價值承諾和關係維繫。

二、預算

品牌需要投入極大的資金，其中以產品相關設計和行銷品牌，所須的預算最大。以行銷品牌的費用來說，它的支出與企業總營收的比例，依不同產業而有不同的數字。像消費性產品，一般可高達15-20%，服務型產業則約10%。單是行銷中的廣告代言費，以金城武這類高知名度的人，大約每30秒就要支出1千萬元臺幣。

三、溝通

品牌管理部門在對內溝通上，要聆聽、擷取、整理大家的意見，然後形塑出最符合品牌的精神。

(一) 標準作業流程：品牌設計團隊針對企業內部管理系統，提供標準作業流程設計，這項規劃將清楚地對內部溝通，並且讓內部人員從下到上、由裡到外清楚了解流程的運作，如此將會幫助員工做出正確的決定，並且創造執行力。

(二) 各部門合作：在設計過程中，須不斷與其他相關部門成員合作與交流，因此各部門不是孤立，而是整合的，這也常成為創意思考的來源。

四、品牌管理

企業發展品牌的理想，唯有變成全體員工的共同目標，才能推的成功。換言之，品牌需要管理，品牌的路，才會走得更長久。

(一) 內在品牌管理（Internal Branding）：內在品牌管理是指從策略規劃、研發、生產、行銷、業務到專案管理，每一個角色間關係的建構。因此，企業執行長必須把品牌管理，內化為全員品牌管理（Total Brand Management）的思維，來動員公司上上下下，投身「做品牌」。

(二) 外在品牌管理（External Branding）：這是以消費者為中心，來整合企業內外資源，滿足消費者，達成品牌的核心價值。

品牌管理團隊

診斷

商品

品牌
管理團隊

品牌策略

處理問題

品牌策略

市場性

品牌策略

創新性

突破性

品牌設計與規劃面向

管理

成立團隊

預算

溝通

知識
補充站

外在品牌管理

1.在推動品牌管理的過程中，應了解所有影響品牌利害
關係的因素，如目標客戶、合作伙伴、批發商、投資
者、售後服務，以及國外市場等多項變數。

2.品牌經營從初期研發到後端服務，都要細心耕耘，以
扎實創造品牌的價值、徹底實踐品牌承諾，最後達到
與消費者心意相通，這才算是真正的成功！

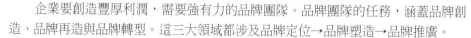

Unit **3-6**
品牌管理團隊

一、品牌團隊責任

　　企業要創造豐厚利潤，需要強有力的品牌團隊。品牌團隊的任務，涵蓋品牌創造、品牌再造與品牌轉型。這三大領域都涉及品牌定位→品牌塑造→品牌推廣。

　　(一) 品牌創造：品牌創造包括品牌命名、標語發展、視覺識別建立、行銷資源設計等品牌識別設計（Creation）領域。

　　(二) 品牌轉型：品牌轉型涵蓋品牌教育訓練、視覺識別建立、行銷資源設計等品牌定位轉型（Transformation）範疇。

　　(三) 品牌再造：天下沒有一種商品能永遠流行，蒙塵品牌要再造新生，必須讓品牌重新「找到定位」。品牌再造涵蓋產品創新、溝通創新、修正視覺識別、品牌教育訓練等品牌形象更新（Re-flash）範疇。

案例

　　老品牌綠油精的再造，不僅飆歌、飆舞，也飆車，還舉辦「創意綠油精—精舞英雄熱舞大賽」，及贊助北高400公里自行車極限挑戰活動等，讓品牌色彩更年輕鮮明。

二、品牌管理團隊成員

　　品牌專案管理涵蓋品牌經理、設計師、行銷人員、技術專業人員。設計管理者通常扮演，聯繫各單位的重要角色，其中，傾聽、協調是設計管理者必然的核心；行銷人員會將市場調查的訊息，加以整理出脈絡，進而提出研究結果。而設計師將研究資訊轉換成理想的產品設計；技術工程人員則是將設計師的產品設計模型，加以付諸實現。

三、品牌經理（Brand Manager）

　　品牌經理是品牌管理過程，整個核心所在。

　　(一) 品牌經理工作牽涉到產品線的研發、包裝、製造、品質、銷售預估、定價、推廣、通路，以及相關規劃、執行和控制某一產品群的活動。

　　(二) 我國企業對於這項工作，多半是由既有的行銷部門，或由跨部門管理層共組「品牌小組」來負責，也有的是以產品經理，來負責品牌經理的工作。

　　(三) 在臺灣的代工生態中，品牌經理常是吃力、不討好的工作，因為他要了解市場，也要精通技術，更要負責部門間協調，與合作伙伴發展長線關係。例如，負責產品的創意發現與開發，需要和研發部門溝通，同時又要和市場行銷部門密切合作，有時候甚至會負責一整條產品線。

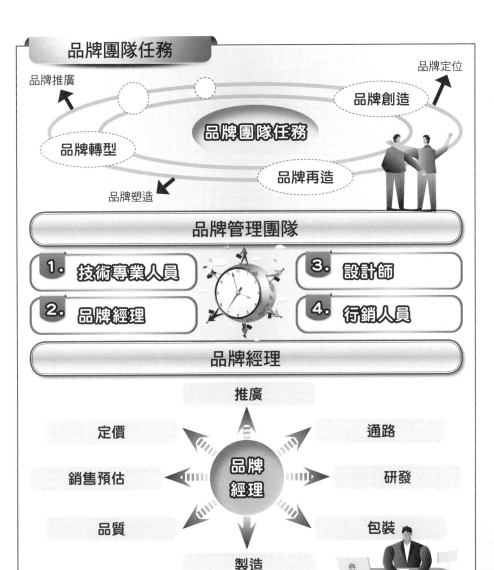

品牌團隊任務

品牌推廣　品牌定位

品牌轉型　品牌創造

品牌團隊任務

品牌塑造　品牌再造

品牌管理團隊

1. 技術專業人員　3. 設計師

2. 品牌經理　4. 行銷人員

品牌經理

推廣

定價　通路

銷售預估　品牌經理　研發

品質　包裝

製造

案例

1928年，荷蘭皇家飛利浦公司成立設計部門，在全球擁有500位設計師，為全球最大設計公司。

星巴克品牌設計團隊是公司的「全球創意小組」（Global Creative Team），這支設計與創意團隊達100人，其中設計師占了1/2，其他多為專案經理人，這個設計團隊幾乎主導了全部的星巴克設計、廣告與行銷。

以阿原肥皂聞名的「阿原工作室」，一開始由4人小組負責，到目前則由64人的工作團隊，來進行品牌設計的工作。

Unit **3-7**
品牌經理的條件

　　一、智慧耐力：品牌經理要領導不同的部門，因此工作很廣泛、複雜，舉凡宣傳策略、市場擴大、生意爭取、培訓前線推銷員、討論市場推廣的品牌策略、與零售商或新客戶開會、處理突發事件，以及分析問題等品牌營運，工作非常繁重。要領導一個品牌小組，一定要有智慧耐力、冷靜思考問題的解決能力。

　　二、創意：對於如何處理產品的市場、設計、包裝、銷售、消費者、潮流、售價等，都要很有創意。此外，對於行銷工具中的定價策略、促銷、店內陳列、刺激銷售人員的誘因，以及改變包裝，或提升產品品質等，若能有出奇制勝的創意，必然會有正面加分的作用。

　　三、品牌策略：品牌策略涵蓋品牌形象、品牌權益、品牌定位及品牌管理等。

　　1.品牌形象：消費者對品牌有什麼既定的認知形象？品牌經理必須透過各種行銷活動與對外訊息，決定品牌所需具備的理性和感性的形象暗示。

　　2.品牌權益：前述的品牌形象，對消費者而言有什麼價值？對他們是不是有相關性與重要性？要在高度變動的市場中，維持產品形象對消費者的攸關性，經常是品牌經理的一大考驗。

　　3.品牌定位：前述的品牌形象，和競爭者相比有何不同？有何優勢？

　　4.品牌管理：消費者對品牌的認識，與企業的目標一致嗎？品牌經理必須做的決定，包括產品線的延伸、改變產品價值，以符合特定客戶與市場區隔的需求，以及確保產品能提供品牌，所承諾的價值。

　　四、敏感度：品牌經理必須是組織中最高層級的行銷專家，對數字、消費、流行等市場趨勢，以及政治、經濟、治安等大環境都要極度敏感。當偵測到景氣、競爭者、政府政策、通路利潤趨勢（如金融海嘯）等出現變化時，需能臨機應變。

　　五、協調溝通：不同背景的人，看品牌的角度會有差異。商科背景出身的品牌專案人員，可能從價格面談品牌；學理工的人，則是站在技術面分析品牌的重心。如何將不同知識領域的專才，結合在一起，是品牌發展困難之處。

　　（一）品牌經理常沒有直線的指揮權，同時也不具人事調動權，但卻要擔任各部門，以及公司與公司之間的協調，以謀求共識。所以協調溝通，不可少。

　　（二）品牌副理：品牌經理需要有品牌副理的協助，品牌副理所需條件有：1.熟悉公關、媒體作業。2.負責統籌規劃新品牌事業發展策略。3.負責制定品牌事業經營規劃、銷售計畫、財務預算。4.負責組建並管理品牌運營團隊。5.制定品牌定位與品牌策略，推廣品牌價值及企業形象。6.協調公司的其他部門，共同完成整體營運目標的達成。7.了解市場消費模式且具備行銷經驗。8.了解如何運用現有資源。9.隨時保持競爭敏銳度。10.具高度市場敏銳度。11.具設計、鑑賞能力。12.具創意、行銷企劃能力。

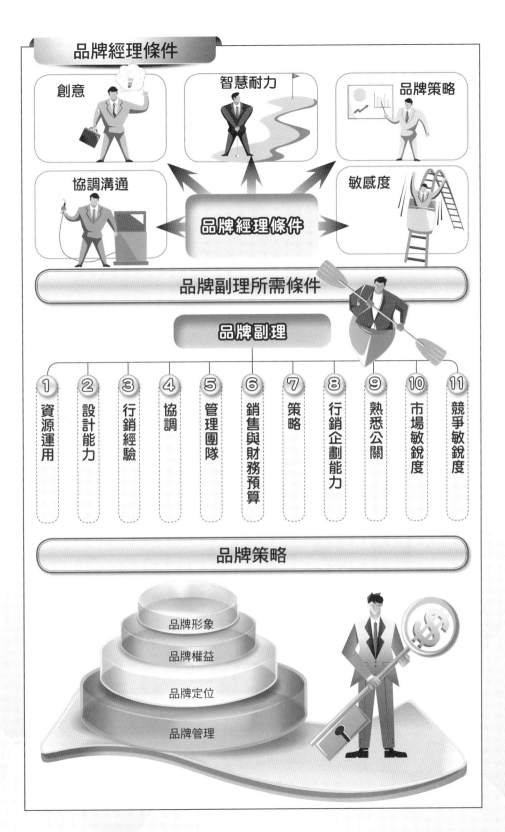

品牌經理條件

創意　　智慧耐力　　品牌策略

協調溝通　　品牌經理條件　　敏感度

品牌副理所需條件

品牌副理

① 資源運用
② 設計能力
③ 行銷經驗
④ 協調
⑤ 管理團隊
⑥ 銷售與財務預算
⑦ 策略
⑧ 行銷企劃能力
⑨ 熟悉公關
⑩ 市場敏銳度
⑪ 競爭敏銳度

品牌策略

品牌形象

品牌權益

品牌定位

品牌管理

Unit **3-8**
產品設計師

　　產品設計團隊須設計外型、功能、色彩、款式、材質,並注意生產線、組裝技術、運輸等,以增強消費者滿意度,同時又能降低價格,改善生產效率。

一、產品設計師

　　《管理百科全書》提及「產品設計師乃受僱於工業、商業、政府或團體,從事產品、環境的設計,或企劃的工作。對於購買者或使用者,必須使該產品能夠滿足他們,在美學及功能上的需求。對於製造業者,必須達到產品易於銷售、獲得利潤。」

二、產品設計主要面向

　　產品設計的主要工作,乃是在產品功能、品質及特色上,加入人性的思考。所思考的重點→外表的吸引力、外觀的心理反映(線條、色彩、文字、圖形、編排、造型、材質)、安全、使用方便性、生產成本、消費者可負擔的價格、維護(修)。產品設計須與技術人員、美學專家、行銷、財務等部門密切合作。

三、產品設計專業

　　設計技能固然重要,但觀察並掌握消費者的需求,是不可忽視的關鍵。產品設計涉及的專業有草圖繪製、精密描寫、色彩計畫、造型研究等。因此需要電腦輔助設計軟體操作、產品外型設計、繪製2D/3D模具。

四、產品設計功能

　　設計良好的商品,能簡化決策、增強顧客滿意度、降低風險,並提升業績,對公司和消費者都有利。構思不良的設計,則可能引起消費者不滿,甚至讓消費者陷入風險,公司吃上官司,以致損失慘重!

五、產品設計核心要點

　　1. 從表面到深層意涵的轉換;2. 從外觀設計到消費者需求與心理的洞察;3. 從物的關注,到人的思考;4. 從產品美學的層次,擴大到組織創新,與商業競爭策略的層次。

案例 華碩

　　華碩技術工程人員通常會因為價格因素,而將規格與材料進行調整。其中,為了將Eee PC售價壓在199美元(一顆最新款中央處理器CPU,要價可能就超過100美元)。因此,把幾個重要的零件如面板、變壓器、CPU、軟體等拆解出來一一詢價,並想出降低成本的方式。

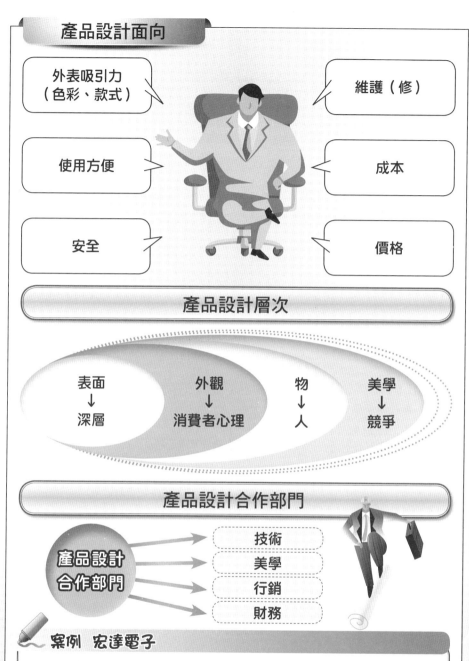

產品設計面向

- 外表吸引力（色彩、款式）
- 維護（修）
- 使用方便
- 成本
- 安全
- 價格

產品設計層次

表面	外觀	物	美學
↓	↓	↓	↓
深層	消費者心理	人	競爭

產品設計合作部門

產品設計合作部門
→ 技術
→ 美學
→ 行銷
→ 財務

案例 宏達電子

　　宏達電子在設計Touch Diamond手機時，光是外型就嘗試了兩百多種不同設計。創見資訊的JetFlash V90C隨身碟於2009年初，榮獲德國「紅點」設計大獎（Reddot Design Award），其外表的銘版，設計團隊大概試了一、兩百種材質，而外殼也是嘗試許多次之後，才找到可以兼具金屬感和堅硬度的鋅合金。設計團隊必須勇於嘗試各種可能性，在外型、材質等方面，找出突破傳統的切入點。

Unit **3-9**
產品設計師任務

一、設計任務

設計團隊透過設計分析、設計發展與設計提案，以增進消費者福祉，提升社會生活品質。

(一) 設計品味：迪士尼設計出製造歡樂，百事可樂設計出求新求變，勞力士手錶尊貴、高品質，蘋果iPod時尚、潮流、忠於自我、完美感覺。

(二) 設計的客體：主力商品、企業標誌（Logo）、企業視覺圖案（Pattern）、企業CIS識別、廣告企劃、平面設計、包裝設計、封面設計、網頁視覺設計、網站整體製作、程式設計、門市招牌系統設計（直式招牌、橫式招牌、形象燈箱、服務櫃檯、形象牆）、事務用品類（名片、資料夾、加盟證書、資料袋）、旗幟類（直式活動旗、橫式活動旗）、廣告宣傳類（海報版面規範、招商戶外廣告、招商雜誌廣告）、表單類（直式表單、橫式表單）、活動會場類（活動背板、商品立板規範）、網站版型（首頁、產品介紹版型、e-DM廣告版型）。

二、設計考量

設計團隊需考慮兩部分：

(一) 設計團隊考量部分：考慮市場機會、經費限度、銷售行銷、售後服務、生產及技術限制等各種因素。

(二) 產品設計層面：品牌設計團隊，在設計任何一種產品時，應注意三大層次。1.外在或外形層次：包括色彩、質感、造型、線條、表面紋飾、細節處理、構件組成等屬性。譬如，捷安特自行車為讓專業工程師與選手密切配合，並從技術層次、比賽力學等切入，開發設計符合選手質感與造型的車款。2.中間或行為層次：涵蓋功能、操作性、使用便利、安全性、結合關係等屬性。一般品牌最常見的問題，就是在中間或行為層次。譬如，日本豐田汽車的安全帶拉緊裝置，在撞車時可能著火，以及引擎排氣系統，一旦遇熱就會出現裂紋，所以豐田2009年1年29日回收3款房車。3.內在或心理層次：泛指情感、文化等品味層次的特質。

三、設計目標

設計是為了達到「高品質」、「高品味」、「高滿意度」的指標。

(一) 成功的設計品，外觀要雅緻宜人（造型美學）、實用效益（布置、功能的勞動經濟效益、外表的使用壽命等）、製造、運輸要便利、生產成本要低，甚至使用終了時的銷毀方式，都須事先經過考慮、設想。

(二) 設計要注意空間、功能、品牌定位（在潛在客戶心中、在競爭者心中，各是什麼定位），以及網頁、名片和產品DM、產品包裝設計、廣告設計和產品形象是否相符？預算足夠支持形象和維護嗎？

設計目標

高品質

高品味

高滿意度

產品設計

質感 →  ← 造型

色彩 → **外在層次** ← 線條

產品設計

心理層次

行為層次

文化　情感　品味　　便利　安全　操作

Unit **3-10**
產品設計成敗的關鍵

決定產品好壞的關鍵，產品設計前要注意人性化、產品使用情境等兩大指標，產品設計後，要注意忠誠度、「心占率」等兩大指標。

一、產品設計思考

產品設計思考是一種以消費者，為中心的設計精神，透過使用者經驗，可以掌握消費者需要什麼、想要什麼。更簡單的說，產品設計要注意人性化，要重視產品使用情境。

當企業越貼近使用者情境，服務就越深入、越細緻，使用者經驗就會開始帶動，顧客產品的忠誠度。產品從外在的表徵，到內在的意涵，從有形的形式，到無形的精神，只要不是從消費者出發，這樣的設計肯定不會成功的！譬如，微軟在2007年1月推出Vista作業系統，因缺乏使用情境，後又研發更新的Windows 7作業系統，把系統做得簡單、更人性，但功能卻一樣強大、穩定。

058

二、產品設計成敗的關鍵

美國企業學者羅伯特·庫柏（Robert G. Cooper）和史考特·艾德格（Scott J. Edgett），針對203個新商品開發的個案深入研究，發現其成敗的關鍵因素。1.具有明顯的差異化或獨特的商品特點；2.在新商品開發之前，深入顧客的需要、慾望和喜好；3.存在廣大的潛在市場；4.具有良好的行銷組合執行力；5.具好品質或顧客想要的關鍵特性；6.正確的上市時機；7.獲得公司的支持和足夠的資源配合。

三、美日設計差別

美日都重視產品的設計，日本的大多數廠商，注重的是「製造設計精良的產品」，採取的方法是，只向整體業務的某一點，投入設計資源。而蘋果的設計，並不局限於商品外觀，而是面對「與用戶的所有接點」，為客戶準備了超出消費者所預期的。

 案例 卡拉OK

2009年1月9日，英國政府針對2500多人，進行了一項「最讓英國人反感的科技發明」，結果日本發明的「卡拉OK」高居榜首。為什麼會這樣呢？主要原因是英國的卡拉OK包廂，隔音設施還不普及，而且卡拉OK機，幾乎都是由一些五音不全和喝醉酒的人所把持，因此讓整個酒吧氣氛變差！

設計成敗關鍵指標

| 忠誠度 | 設計後 → | ← 設計前 | 使用情境 |
| 心占率 | | | 人性化 |

設計成功關鍵

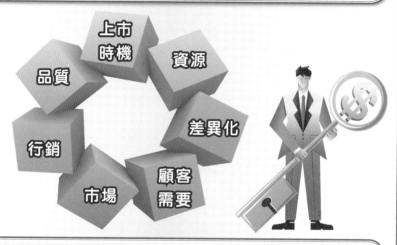

上市時機　資源
品質
行銷　差異化
市場　顧客需要

星巴克設計專案

1. 概念選擇
2. 概念發展
3. 審核
4. 溝通
5. 成果評估

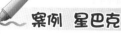 **案例　星巴克**

　　星巴克強調僱用具商業，及策略思考的設計師。星巴克的設計專案，大致要經過→「概念選擇（Theme Selection）」→「概念發展（Concept Development）」→「審核（Approval）」→「溝通傳達（Delivery）」→「成果評估（Evaluation）」，五個重要階段。

Unit 3-11
產品設計團隊專業

設計團隊除專注產品的創新外，設計流程與設計管理上的創新，也是品牌設計團隊規劃之際，可以著力的地方。

在產品設計團隊時，團隊成員應該具有互補的跨領域整合的專業。以下將跨領域專業，歸類為七大面向。

(一) 設計專業：要有嫻熟的設計能力與技巧，能針對不同的設計需求，提出專業的設計。所以設計專業對設計師來說，是基本必備的，對於造型上的時尚、形狀、色彩、質感、理性、感性、技術、材料、形式、流行風格、內容機能與控制，其中流行敏感度和品味能力，更是突顯嫻熟的要點。

(二) 人體工學：任何設計都是以人為本，所以應具備人體工學的知識。即使是平面、網頁設計或者UI（使用者介面）設計，無一不是以人為對象做要求，如果讓使用者有使用上的困難與不便，就算是失敗的設計。

(三) 心理學：既然設計是以「人」為對象，對於人的心理，與消費行為等相關心理學，應該有一定程度的認識。例如，品牌短歌就屬於心理學中，制約反應的運用，也就是聽到歌曲或想到歌曲，就會聯想到某品牌。

(四) 消費行為學：發覺消費者的使用需求、提供更好的使用體驗，是設計不可或缺的一環。基本上，以消費為基礎的產業，如何讓消費者願意消費該商品，以及如何對該商品定價、通路的選擇、廣告、促銷等，都是設計的核心。

(五) 經濟學：經濟是任何一個行業都該注意的，經濟的景氣與設計風格，往往有著一定程度的關係，所以了解總體經濟面是設計團隊所不可忽視的。例如，目前景氣惡化，價格低的小型電腦就深受大眾歡迎！

(六) 社會學：人不能脫離社會而獨居，所以社會的潮流和變化，都會影響消費者對產品的想法與看法。設計與社會的變遷，兩者是息息相關，掌握人類思潮的社會學，必須成為設計者的內涵。

(七) 文化：若產品是要輸出到國外，就必須對當地國的文化，有所了解。如此才能掌握當地國的市場需求與品味。

若具備上述專業等方面成熟的能力，則還須發展相互協調的能力。尤其在上百人的設計團隊中，如何成功溝通協調，則成了產品與品牌成功與否的關鍵。

產品設計團隊專業

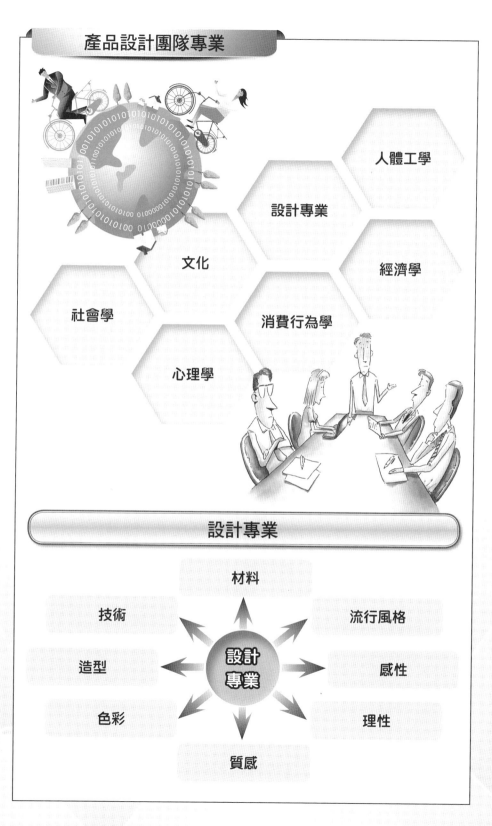

人體工學

設計專業

文化

經濟學

社會學

消費行為學

心理學

設計專業

材料

技術

流行風格

造型

設計專業

感性

色彩

理性

質感

Unit 3-12
設計專利

設計專利是商戰的攻防武器，更是重要的競爭實力。一支小小的智慧型手機，就高達25萬個專利。為什麼要這麼多的專利？因為它可使企業因專利的移轉、授權、買賣讓與而獲利，同時又具高度的排他效力，以及技術內容的獨占權。

一、設計專利的重要性：設計專利是人類智慧的結晶，由法律賦予合法的排他權利。專利法對於設計專利保護的時間，發明為20年、設計專利為12年。

二、設計專利系統：國際上採用的設計專利系統，是根據Locarno分類表（Locarno Classification）。我國2013年1月1日修正的專利法，也採用該分類系統。

三、專利要件：要取得專利證書，需要通過三個專利要件，即1.產業利用性；2.新穎性；3.進步性。

四、申請程序（設計專利）：專利申請前的準備程序→整理/實驗欲申請專利的技術資料、實驗數據等；進行專利前案檢索；撰寫說明書/圖式；正式申請。

五、申請設計專利說明書：說明書內容應包含設計名稱、物品用途及設計說明，其中「設計說明」撰寫要點→就「主張設計之部分」之外觀特點加以說明，部分設計的圖式，包含「不主張設計之部分」的內容，設計說明應就「不主張設計之部分」的表示方式，簡要說明，如「圖式所揭露之虛線部分，為本案不主張設計之部分」、「圖式所揭露之灰階填色，為本案不主張設計之部分」、「圖式所揭露之半透明填色，為本案不主張設計之部分」。

六、擴大設計專利保護範圍：在2013年1月1日開始新修正專利法，將受理部分設計、電腦圖像及圖形化、使用者介面等，納入新專利的保護範圍。

(一) 從整體設計保護到部分設計保護：在2013年以前，設計專利的侵害認定，是以整體設計的比對方式為之，不能僅就其中的裝飾性特徵，予以比對。譬如：筆記型電腦設計創作，就只能對「筆記型電腦整體」請求保護，手機設計也只能對手機整體，加以保護。如今部分的設計，也可以成為設計專利保護的範圍，如「高爾夫球桿的桿頭」、「汽車的頭燈」；筆記型電腦的特殊按鍵、機殼本身等局部創作，都可以成為設計專利。

(二) 圖形化與使用者介面保護：對於無法長久顯現，如智慧型手機的開機畫面、使用者介面跟APP軟體的圖示，現在都因法律擴大專利，而納入保護範圍。

(三) 衍生設計專利保護：舊法對於近似設計之保護，准許同一人，就其所提出之近似設計，可申請聯合新式樣專利。新的專利法改以創設衍生設計專利制度，來保護近似設計。

(四) 整組物品專利保護：對於屬於同一類別，且習慣上是以成組物品方式，譬如象棋、西洋棋、刀叉、茶具。以往這些設計希望變成專利，就應對每一設計分別提出申請。在新法中已讓專利保護，可以從一只馬克杯的設計，擴張至一整組產品。

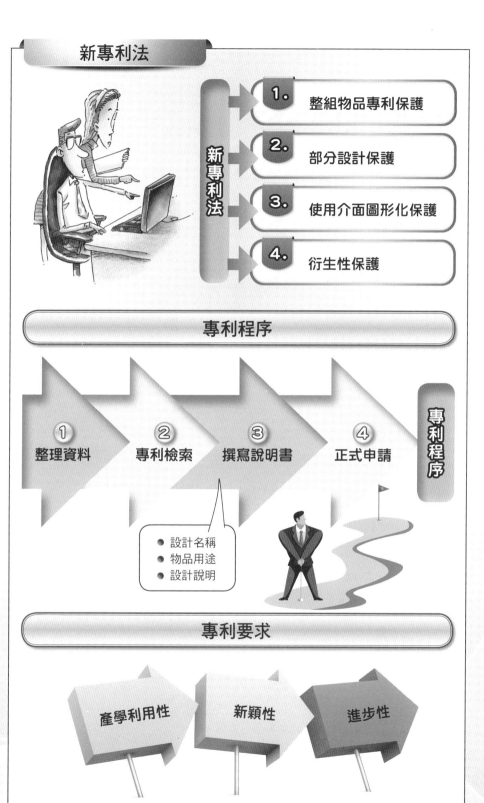

新專利法

新專利法

1. 整組物品專利保護

2. 部分設計保護

3. 使用介面圖形化保護

4. 衍生性保護

專利程序

專利程序

① 整理資料　② 專利檢索　③ 撰寫說明書　④ 正式申請

● 設計名稱
● 物品用途
● 設計說明

專利要求

產學利用性　　新穎性　　進步性

第 **4** 章

品牌規劃（二）

章節體系架構 ▼

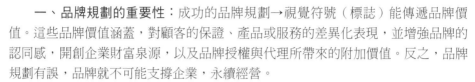

Unit **4-1**
品牌規劃

　　一、品牌規劃的重要性：成功的品牌規劃→視覺符號（標誌）能傳遞品牌價值。這些品牌價值涵蓋，對顧客的保證、產品或服務的差異化表現，並增強品牌的認同感，開創企業財富泉源，以及品牌授權與代理所帶來的附加價值。反之，品牌規劃有誤，品牌就不可能支撐企業，永續經營。

　　二、品牌規劃的重心：究竟要提供什麼給消費者？以及如何將其表現？

　　三、品牌規劃的類別：有形要素、無形要素。

　　(一) 有形要素：主要目的是突顯自己的特色，並和其他企業或產品形象有所區隔。有形要素的規劃，應涵蓋三個方面：1.外貌→識別的名稱或符號，如外在的顏色、款式、型態、標誌、商標、包裝設計等。外貌包含藝術和文化的層次，層次越高，越有品味。2.內涵→主要是專業化的層次，特別是指產品功能、服務品質。3.溝通→提高消費者的品牌印象。廣告工具計有15種，包含廣告動畫；廣播廣告；平面廣告；產品外部包裝；產品包裝內卡片；手冊與單張廣告；海報；傳單；型錄；廣告看板；陳列標誌；店內展示；公共播放影帶；象徵符號與標誌；影音資料。

　　(二) 無形要素：利益、價值、文化、個性、形象、品味，品質與服務的承諾。品牌無形要素很重要，否則品牌只不過是一個LOGO而已！

案例　宏達電

　　宏達電全球行銷長何永生2013年3月上任後，重新定義宏達電的品牌內涵：「Bold」、「Authentic」、「Playful」。「Bold」強調「有新產品、新特色就要大聲講」；「Authentic」則是「從不抄襲，注重研發」；「Playful」則是要融合好玩、好用的特色。

　　四、企業創立品牌是一個漫長的過程，需要長時間的積累，品牌的經營管理也是一個長期維護的過程，所以持續性的服務，或產品的創新，是維持品牌能量與熱情的絕對關鍵。

　　五、企業在推出國際品牌前的規劃

　　(一) 對目標市場進行定義及確認：打造國際品牌→先要定義目標市場，明確知道產品或是服務，是要提供給誰？→對目標市場的競爭環境、行銷預算、市場風險評估→決定產品定位。

　　(二) 決定市場進入方式：常見方式有1.直接輸出自有品牌到新市場；2.收購在新市場流通的其他公司既有品牌；3.設合資公司，共同推出品牌等。

　　(三) 品牌管理的組織化：全球標準化與海外在地化的檢討？是否具備海外當地執行能力？

品牌規劃的類別

品牌規劃

← 有形要素 | 無形要素 →

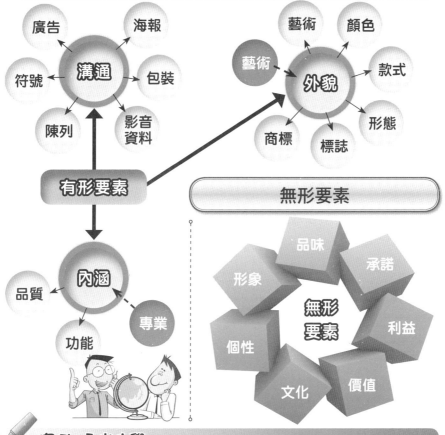

有形要素

溝通：廣告、海報、符號、包裝、陳列、影音資料

外貌：藝術、藝術、顏色、款式、形態、商標、標誌

有形要素

內涵：品質、專業、功能

無形要素

無形要素：品味、承諾、形象、利益、個性、文化、價值

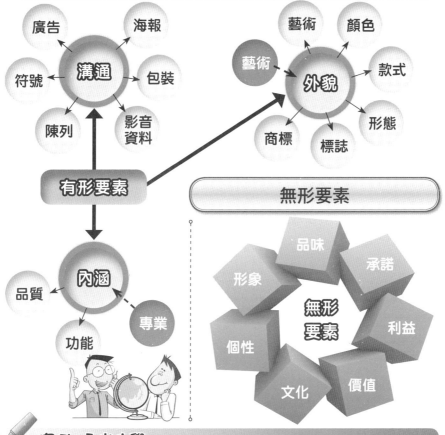

✎ **案例　永光化學**

　　以上市公司的永光化學為例，所提供的：產品屬性（太陽能染料吸光強、藥劑效用強）、利益（效果高、表現自我）、價值（節能、環保、高聲望）、文化（代表中華民國重組織制度、講求高品質、高品格的文化）、個性（前瞻的、重環保的）、顧客類型（太陽能廠）。

Unit 4-2
新產品規劃

一、規劃產品設計：產品的設計過程，包括創意提出、外觀結構設計、功能規劃、產品製造與行銷。

(一) 在產品規劃時，應著重品質、耐用、安全、包裝設計、無形感覺，及品牌形象等。

(二) 從消費者出發，思考解決消費者的問題，進而規劃新產品。也可以為消費者舉辦活動，讓消費者參與設計，然後再由消費者票選出最優秀的設計。同時達到了傾聽消費者需求，以及讓消費者具有參與感的目的。

二、根據成功與失敗的案例得知→設計團隊應先定位消費者的典型→再根據不同消費者的需求，量身訂作出所需的產品。

三、為「使用者」設計：要能產生令對方「有感覺」的產品，一定要站在對方的立場著想，甚至得「預測」對方的行為。若能完全站在顧客的立場，思考產品的組合設計，就比較能夠提供使用簡單、品質功能卓越，以及令人有驚喜的整體設計。如此，品牌才能與消費者產生共鳴，產生品牌優勢。反之，許多企業剛開始發展品牌，仍偏重「產品導向」，而很少「站在使用者角度」研發商品，因此所制定出來的品牌，自然不易滿足消費者的需求。

以使用者為核心設計的類型，有三大類→(1) 為使用者設計（Design for User）；(2) 與使用者共同設計（Design with User）；及 (3) 由使用者自行設計（Design by User）。

四、新產品開發成功關鍵：1.企業在產業中，享有競爭優勢，主要是企業能夠比競爭者，創造更多的顧客價值。所以企業要隨時察覺市場與商業趨勢，了解現今顧客與未來潛在顧客，甚至競爭者的顧客。因為唯有掌握顧客的需求與喜好，才能成為品牌贏家。2.新產品開發流程，對新產品成功與否，扮演關鍵性的角色。特別是新產品開發流程中的品質、關鍵性活動、熟練度、速度、知識分享、合作等因素。

五、創新：創新是維持企業競爭優勢重要的工具，也是企業長期生存，及提升競爭力的關鍵。其中，新產品開發是企業創新，最具代表性的指標。

六、開發新產品的程序：產品創意；創意的篩選與評估；完成產品雛形；分析市場機會；產品原型的發展；試產與市場測試；量產與市場行銷。

案例　大同電鍋

大同電鍋的核心優勢，在於以「灶」為原創概念，將電鍋想像成古早廚房裡爐灶的縮影，煮、蒸、燉、滷樣樣行，消費者帶著鍋具，就猶如帶著廚房走一樣。

規劃產品設計

行銷	規劃產品設計

製造

功能

外觀

創意

使用者設計

使用者設計

為使用者設計	與使用者共同設計	使用者自行設計

新產品開發

① 產品創意

② 創意評估

③ 雛形

④ 市場機會分析

⑤ 產品發展

⑥ 測試

⑦ 量產與行銷

Unit **4-3**
規劃產品功能、價格、包裝

一、功能規劃

　　產品功能是產品計畫中的項目，它對應到客戶需求，滿足客戶的需求。產品功能可根據其共享性程度，概分為兩類：

　　(一) 通用功能：可同時達成兩個以上設計目標的功能，共享性高。

　　(二) 特定功能：這一部分的功能，是屬於消費者「夢想」的部分，也是品牌令人驚喜的部分。

　　為了實踐品牌承諾，規劃時必須涵蓋售後的各種服務，以及整合銷售及服務的全功能經銷體系，讓客戶享有便利的保修服務。

二、價格規劃

　　六種規劃產品價格的方法，如下：

1.成本加成定價法（Cost-plus Pricing）；
2.競爭導向定價（Competition-Oriented Pricing）；
3.知覺價值定價法（Perceived-Value Pricing）；
4.銷售額極大化法（Sale-Maximization Pricing）；
5.目標利潤定價法（Target-Return Pricing）；
6.利潤極大化法（Profit Maximization Pricing）。

專有名詞

　　知覺價值：購買者願意支付且認為合理的價格。影響知覺價值的因子，包括產品功能、品牌形象、象徵意義、樣式外觀、服務、便利程度、創新程度等。

三、包裝設計規劃

　　良好的包裝設計，通常可提高產品的價值感、促進銷售量，更能傳達企業形象，以及獲得消費者之肯定。根據研究顯示，消費者購買行為有 75% 係受包裝影響。因此產品需要突顯的設計包裝，以利於第一時間，吸引消費者的注意。

　　包裝是品牌提示的有效方法，因為包裝是購物者，最先面對的真實刺激因素。近來產品的多樣化，使得包裝設計的品質，成為商品促銷的先決條件。商品必須將「購買我」的信號，於1/15秒內，有效地傳達給消費者。

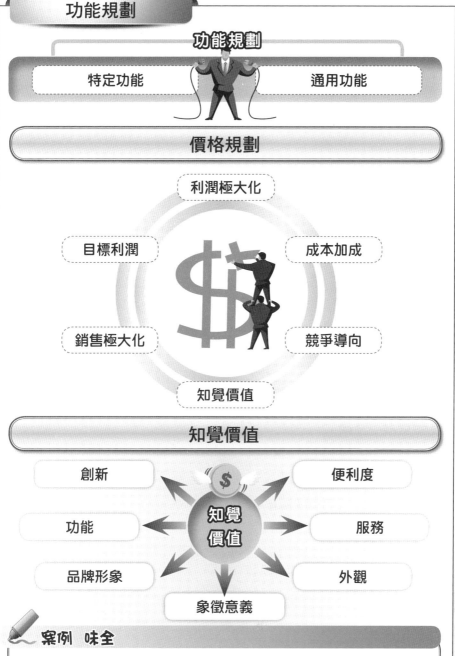

功能規劃

| 特定功能 | 通用功能 |

價格規劃

利潤極大化

目標利潤　　　　成本加成

銷售極大化　　　競爭導向

知覺價值

知覺價值

創新　　　　　　便利度

功能　　　知覺價值　　　服務

品牌形象　　　　外觀

象徵意義

案例 味全

味全在1996年嗅到純果汁的市場商機,由於純果汁富含高維生素 C、纖維素和新鮮、純度高,故將產品定位為「100%、新鮮、自然、好喝」。不過上市後市場反應淡漠,深入了解後,發現問題是包裝了無新意,於是,從國外引進全新的瓶型技術,再推入市場,在耳目一新的視覺感受下,迅速成為市場首選。

Unit **4-4**
產品品質規劃

一、品牌品質

　　品牌的產品品質，在設計時，應涵蓋應有的基本品質（道德層次）、消費者期望品質（專業層次），以及令人感動或驚艷品質（藝術層次）。

　　品牌品質＝基本品質＋消費者期望品質＋令人感動或驚艷品質

　　(一) 基本品質：就是指商品應有的品質，如風格、成分、耐久性等，包含外顯與內含之各種特徵性質的組合，且能被消費者所覺察者。

　　(二) 消費者期望品質：消費者期望品質因地而有所差異，通常來說，經濟越發達的國家，品質就越重要。在有形商品上，消費者期望→品質可靠、耐用、有利、造型等；無形服務的品質，消費者期望→保證、可靠、具體、反應、同理心。

　　(三) 令人感動或驚艷品質：讓消費者意想不到的獨創性風格。

二、品質八大要素

　　產品表現、特性、信賴度、適用性、耐用性、服務能力、美感、品質知覺及形象等，投入資源與努力。

三、產品品質保證，是維護品牌聲譽關鍵要素

　　產品機能有了缺陷（如豐田汽車煞車系統）→顧客的抱怨→處理不當→品牌就可能陷入危機！

四、「自執合約」理論（Self-enforcing Contract）

　　為免遭受品牌聲譽受損所帶來的實質損失（失去賺取超額利潤的能力），聲譽卓著的廠商，勢必刻意維護其品質。因此，維護品牌聲譽，就必須保證品質的優異。一個聲譽受損的品牌，其價值可能在瞬間消失，並為擁有品牌的廠商，帶來巨大的損失。

中華民國案例　阿原肥皂

　　阿原肥皂選用臺灣陽明山國家公園中，無汙染的山泉水，再以食用油（橄欖油、椰子油）為基底，加上菊花、茶葉、檸檬、艾草、左手香等本土藥草，完全不含介面活性劑等化學添加物。每一塊手工皂都要經過 18道工序、45天的孕育。從塑型、冷凝皂化、脫模到裁切、印記，全靠萬能的雙手，不添加石臘加速硬化，也不使用機器。所以國產的阿原肥皂，竟能賣到二、三百元。

品牌品質

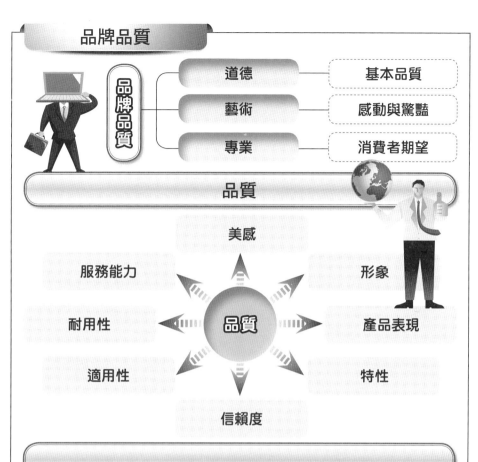

品牌品質
- 道德 —— 基本品質
- 藝術 —— 感動與驚豔
- 專業 —— 消費者期望

品質

- 美感
- 服務能力
- 形象
- 耐用性 ← 品質 → 產品表現
- 適用性
- 特性
- 信賴度

產品缺陷 → 顧客抱怨 → 處理
- 成功 → 保形象 增信心 → ex 金車飲料
- 失敗 → 毀形象 失信心 → ex 義美食品 雪印奶粉

✎ 日本案例 & 韓國案例

　　不景氣時代的品牌趨勢，最強的品牌力終究來自品質，這才是長期獲取消費者認同之道。日本松下電器的松下幸之助與新力的盛田昭夫，這兩大品牌均是在日本戰後，百業蕭條的環境中，快速崛起的企業！兩大品牌都是奠基於優良的品質。

- -

　　韓國品牌三星大廠，為了提升產品品質，在各部門原有品管單位之外，又成立總品管處。如果發現劣質產品，隨即公開砸碎或焚毀，以此作為員工教育與宣示品牌的承諾。

Unit **4-5**
包裝視覺設計

　　商業包裝設計是專注於，產品包裝的一種設計。在品牌整體規劃時，應從市場競爭、消費者滿足，以及環境保護等角度著手。

一、包裝視覺設計的關鍵變數

　　(一) 色彩：包裝視覺規劃，應包括主色調、輔助色調，或用以暗示產品種類、屬性、口味等色彩。

　　(二) 圖形：如色塊造形、品牌標誌、吉祥物。

　　(三) 合成文字 (Logotype)：指包裝上的文字，如品牌標語、廠商資訊、商品資訊等。

　　(四) 編排：指包裝上視覺的整體設計，如圖文版面配置、說明文字編排設計。

　　(五) 印刷效果：指印刷技術所賦予的視覺效果，如上光、燙金、燙銀等。

　　(六) 結構造型：指內、外包裝結構的造型，以及包裝上的輔助配件等。

　　(七) 材質：指主體結構的內外包裝，所使用的材質，如印刷材質。

二、包裝設計的內涵，應注意13大要點

　　如何在激烈的銷售環境中，設計出具有傳達效益的品牌包裝？其中應該注意哪些因素？

　　(一) 文化：應注意圖像、材質、偏好色彩等，所代表的意義。

　　(二) 象徵：包裝的視覺風格，要能反應目標客戶，心理的認知價值。

　　(三) 資訊：包裝資訊應根據各國法令要求標示，譬如品牌名稱、使用方法、保存期限、產品注意事項等。

　　(四) 美感：應照顧到消費者的視覺美感。

　　(五) 獨創：包裝要有獨特性。

　　(六) 醒目：透過色彩、編排形式、結構造型的獨特，以吸引消費者目光。

　　(七) 識別：與競爭者產生明確的區隔，以利消費者辨識。

　　(八) 系統：藉由系統性的視覺規劃，累積品牌一致性的形象。

　　(九) 記憶：在消費者心中，留下深刻的記憶，有助於品牌形象的發展。

　　(十) 保護：包裝的材質、結構造型，應具備安全性與穩定性，以確保品質的穩定性。

　　(十一) 便利：包裝結構的設計，應提供消費者在提攜、拆開、再封、收納，與保存的便利性。

　　(十二) 環保：愛你我居住的環境，設計應就再利用的特性，以及避免過度包裝。

　　(十三) 展示：包裝在賣場中，具有展示的效果。

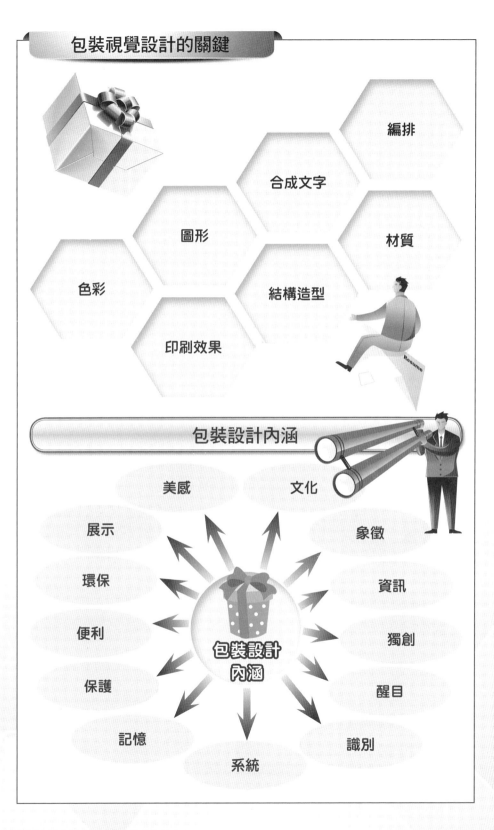

包裝視覺設計的關鍵

編排

合成文字

圖形

材質

色彩

結構造型

印刷效果

包裝設計內涵

美感　　文化

展示

象徵

環保

資訊

便利

獨創

保護

包裝設計內涵

醒目

記憶

識別

系統

Unit **4-6**
產品通路規劃

行銷通路（Marketing Channel），又稱配銷通路（Distribution Channel）或交易通路（Trade Channel），是由一群相互關聯，且分工合作的組織（如公司、賣場、合作社）所組成。如何在品牌廠商的整合下，讓資訊流、物流、金流和售後服務等順暢，是通路規劃的重要議題。

一、通路設計四大步驟

第一、分析顧客所要求的服務水準；第二、建立通路目標；第三、評估重要通路方案；第四、確認主要通路。

二、通路任務

再好的品牌，再好的產品，如果沒有銷售通路，就無法接觸到顧客，一切努力都是枉然。所以能真正掌握通路者，才是贏家。

顧客入口（Customer Access）指的就是，在精華、熱鬧地方，消費者極易接觸到，所想採購的企業產品，例如，像麥當勞、星巴克。在產品通路規劃時，主要是使採購者，能更便利滿足其採購需求。

三、通路類別

通路不同，所展現的效果也就不同。通路有虛（網站）、有實，兩者可個別分開，也可交錯串聯，就看企業如何地運用策略。實者，店面經營又可分為經銷制及店銷制，而建立自有店面的店銷制，又可分為單店及連鎖店，連鎖店又分為直營連鎖店及加盟連鎖店；加盟連鎖又分為委託加盟、特許加盟、自願加盟、員工內部創業店及被委託加盟等五種。

無店面的經營方式→路邊攤、直銷、網路購物、郵購、宅配及電視購物等經營通路。至於要選擇哪一種通路，則視產品性質而定。

案例 阿瘦皮鞋

阿瘦皮鞋除了廣設直營門市，在百貨公司設立專櫃，同時也運用團購、電視購物、網路購物等通路。

四、品牌通路應考慮的要點

1.通路開發管道；2.通路拓展時程；3.品牌通路拓展進度的影響因素；4.品牌通路投資；5.品牌通路的報酬；6.品牌通路銷售區域；7.品牌通路伙伴篩選條件；8.品牌通路成功關鍵。

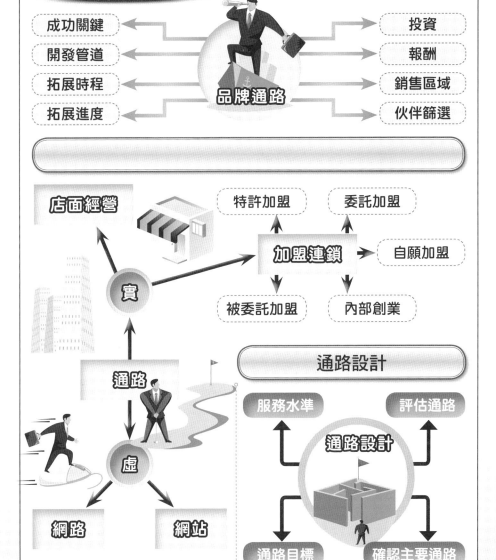

077

案例 捷安特

　　捷安特針對不同地區，規劃不同通路。在美國銷售據點為專賣店、一般賣場、倉庫型量販店、運動用品店、玩具店等；在歐洲銷售據點為專賣經銷商、運動用品店、連鎖店、超大型商場；在日本銷售據點為量販店，如百貨店、折扣店、超市、家用品中心；在大陸的主要銷售據點為專賣店、連鎖店、大型量販店。捷安特將產品密集鋪貨在，各地所有可能的零售據點，這種通路密度屬「密集式配銷」。

Unit **4-7**
規劃品牌無形感覺

產品是物理屬性的組合，具有某種特定的功能，以滿足消費者的使用需求。同時，產品又是工廠生產的東西，消費者可以觸摸、感覺、耳聞、目睹、鼻嗅；如車可代步，食物可果腹，衣服可禦寒，音樂能愉悅性情，品牌則超越這一切。

一、「無形感覺」

品牌會讓消費者，感受到無形的感覺。就如同教堂，會讓人感到，上帝的同在。品牌經營這種無形的感覺越久，精神越深入，無形感覺就越強！譬如，迪士尼的樂趣、Coach的青春時尚、全國電子（足感心）、王品的服務、金車飲料的信任、全聯的便利。

二、「無形感覺」重要性

成功的品牌，就是能抓住消費者，「無形的感覺」，這種特殊的心理感受。「無形感覺」對品牌的信任度、形象、消費者忠誠度、市場占有率、利潤、品牌知名度等，都有重大助益。

三、「無形感覺」內涵

「無形感覺」涵蓋三大面向，即1.視覺→驚艷；2.身心→享受；3.使用情境→品味、身分地位。

四、「無形感覺」的來源

1.產品自身的表現（設計感）；2.企業過往表現（如救災的企業社會責任；是否遵守法規）；3.使用者反應；4.品牌代言人；5.品牌廣告與溝通；6.價格與通路。

強化「無形感覺」，要有策略與創意。譬如，自行創作卡通人物（如米老鼠），以強化品牌特性，促進消費者對企業品牌的了解，並增加品牌曝光度。

五、「心靈占有率(Mind Share)」

品牌要貫徹自己的策略、有獨特的個性，變成一個目標族群想要互動的對象。如果在規劃產品時，只強調基本品質，少了無形令人感動或驚喜的特色，就顯得創新有些不足。因此，努力「讓顧客感動」，緊抓消費者的心，才能使品牌「進駐」消費者腦海，搶占顧客的「心靈占有率」。要做到這一點，要有一流的服務，好讓消費者買的放心，使他們不斷感到價值的存在。

品牌大戰打到最後，除了搶得高市占率，還要讓品牌進駐顧客心底，攻下「心占率」，而其中無形的感覺，是非常關鍵的重點。

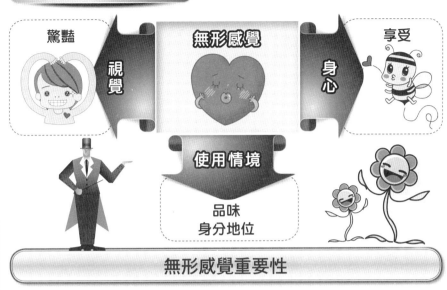

無形感覺重要性

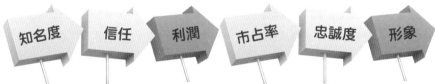

知名度　信任　利潤　市占率　忠誠度　形象

無形感覺來源

價格與通路

產品表現

使用者反應

無形感覺來源

代言人

廣告與溝通

企業過往表現

 負面案例

　　2009年的農曆大年初一，在宜蘭市舉行的「2009世界馬戲童玩博覽會」，4天吸引全臺 5萬人觀賞，但不少人觀賞後，卻發現演出內容，不但和預告大不相同，也沒有主辦單位宣傳的「來自世界五大洲各國代表性年度金獎馬戲表演」，尤其是先前號稱有駱駝、馬、蛇、鳥、鴕鳥等動物明星演出，結果只見狗狗出場推車、跳圈等狗把戲。民眾氣得大罵：「爛透了！這叫馬戲團？」還有人怒批業者「簡直是詐騙集團」！如果這家馬戲團重新開張，社會對它的「無形感覺」會是什麼？所以企業過往表現，也是很重要的「無形感覺」來源。

Unit **4-8**
規劃品牌形象

　　品牌的形象,就是品牌在顧客心中的樣貌,與所認定的價值、感受與期望。例如,看到聯邦快遞的品牌時,就會聯想到可靠、親切、專業、迅速以及高科技等印象,這是一個完整的品牌形象。品牌的成功,常有賴「認知設計師」的協助,使品牌深入消費者的心中。

　　目前已有越來越多的大型企業,逐漸了解設計是,創新及新產品開發的策略引擎。在規劃程序上,品牌設計管理團隊,可以透過四個階段來完成。

一、前置階段

　　消費者的購買決策,是以價值為基礎。因此品牌的建立,是以「顧客」為中心,並系統化的經營過程。前置階段的重心是,確認誰是消費者?企業希望品牌在消費者心中,有什麼樣的樣貌與分量,有什麼樣的評價與價值。目標客層決定了產品及體驗設計,以及品牌的定位與發展。

　　(一) 前置階段必然需要高階主管,對市場的需求,對競爭者既有的品牌,進行總合判斷。判斷之後,決斷出企業要對消費者,提出什麼核心價值,什麼樣的承諾。

　　(二) 塑造品牌形象,應從產品品牌名稱、銷售據點、產品品質與價值,符合一致性。不能廣告歸廣告,通路歸通路,造型歸造型。

二、品牌定位

　　「品牌定位」決定品牌策略與發展方向。品牌定位包含四個面向,即1.定位必須能讓消費者深切感受到;2.定位必須以產品真正的優點為基礎;3.定位必須能突顯出競爭優勢;4.定位必須簡單、清楚而不複雜;5.注意品牌在視覺上,新穎而統一的形象,不能將識別系統與整體造勢切割。

三、執行階段

　　從命名、包裝、定價、流通、廣告(電影、電視、戲劇)、促銷、公關活動等行銷組合上,都必須環環相扣,才能獲得成功。執行階段必然要兼顧,品牌顏色、符號設計、風格,以及具體讓消費者認識的方法。譬如,像LV旅行箱落海,卻不進水的真實故事。

四、品牌績效

　　品牌走對方向,就能見到績效。良好的品牌形象,就可以節省 35-40% 的推廣費用;相同的產品,在實際販售的價格,最高可達到 120 倍的價差。以什麼指標來評估績效呢?「消費者信任度」與「市場接受度」的效果,就是評估績效的指標。擁有這兩項指標,品牌就會有知名度、市場地位、悠久性、市場占有率。

塑造形象

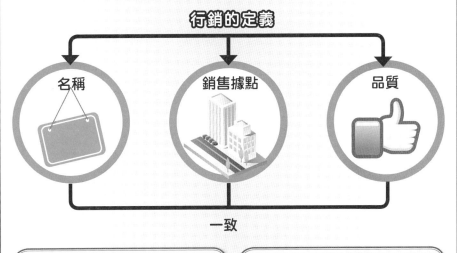

行銷的定義

名稱 　　　銷售據點　　　品質

一致

品牌定位

1. 簡單明確
2. 消費者要感受到
3. 產品優點
4. 競爭優勢
5. 視覺新穎統一

推廣形象

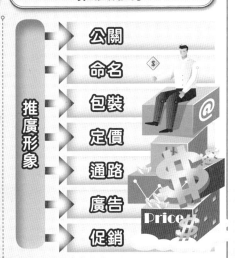

推廣形象

公關
命名
包裝
定價
通路
廣告
促銷

案例　歐香咖啡&林鳳營牛奶

多年前，歐香咖啡為了有效與伯朗咖啡區隔，即特別強調異國浪漫情懷的品牌認知，從包裝到廣告都一氣呵成。後來歐香又大幅再造品牌形象，重新以流浪到淡水，及藍領建築工人等系列的廣告為訴求，吸引消費者的注意力。

林鳳營牛奶品牌定位→以「高價位區隔、高品質訴求，以及突顯產品價值」。這樣的品牌定位，就決定後續品牌策略與品牌發展。

Unit **4-9**
規劃生產方式、模擬使用情境

一、品牌生產

　　品牌生產涉及到「生產製造流程」、「產品組成成分」、「生產製造所需技術」。

　　(一) 生產方式：品牌可以自行設計生產，或是自行設計再委託生產OEM（原始委託代工），或ODM（原始委託設計代工）。像愛馬仕、香奈兒，產品任何人製造都沒關係，掛上品牌就會有人買。國外品牌大廠為了降低勞動成本，釋出產能與資金，而採用委託設計的方式，以便更能專注於提升產品價值的研發創新，與品牌的行銷。

　　(二) 追求完美：Eee PC在研發初期，就加入了使用者的經驗。其作法是舉辦一場千人試用大會，讓員工把Eee PC帶給家人使用，一起找問題。當時一共找到了上千個Bug（瑕疵），研發設計團隊再以這些使用者的意見，加以修改，使Eee PC更為簡單好用！

　　(三) 品牌精神：皮爾卡登從單一產品，擴大到什麼產品都做，就是缺少了品牌精神的串聯，導致品牌價值盡失，企業經營也跟著蕭條。

二、建構模擬使用情境

　　品牌魅力就在於細心考量，顧客的消費情境、心境，並根據此考量，設計營造出滿足消費者，甚至超出消費者預期要求，而有驚喜的感覺。

　　(一) 消費情境：品牌是為消費者而存在，所以品牌一定要考量，消費者在使用時的情境。也就是企業要考量，顧客在使用這個品牌時，感覺如何？有什麼反應？

　　消費情境主要三大構面，「溝通情境」、「購買情境」、「使用情境」。

　　(二)「消費情境」目的：是指消費者在操作使用商品時，能使商品與情境密切結合，因而讓顧客盡情地，陶醉在特殊情境中的商品。

　　(三) 設想不同使用者，使用產品的方式：模擬消費者各種可能的使用情境，依據使用情境，再透過產品的設計，使產品更貼近消費者的心靈。

　　這種方法是以人、事、時、地、物等需求，再配合圖、文方式敘述，來塑造關鍵性的議題。然後再將這些關鍵性的議題，經過各團隊評估分析後，將結果整理成產品的重要發展方向。

　　如果經過適當的行銷與刻意營造，品牌甚至會觸發消費者心中，強烈的情感作用，進而強化他們對於產品的忠誠度，而這種忠誠度，有時甚至可以持續一輩子。

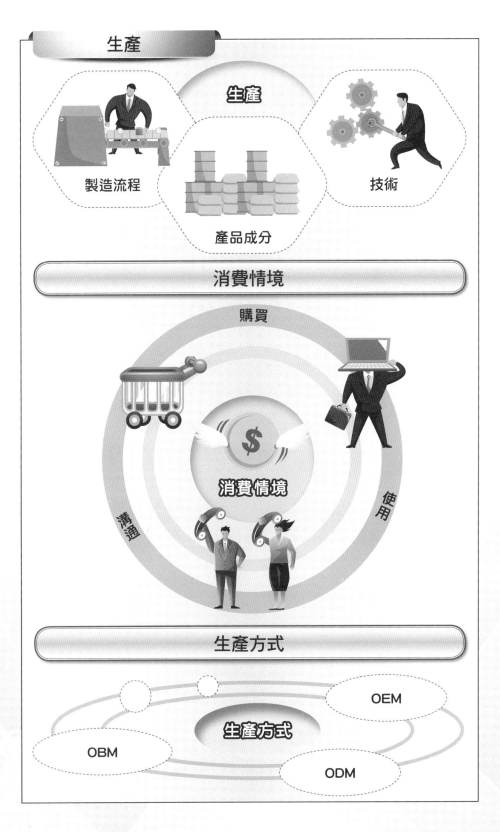

Unit **4-10**
品牌策略規劃 ── 品牌延伸

在規劃品牌策略時，應考量預期銷售量、利潤貢獻度、成長潛力、成本等關鍵。

一、產品線延伸（Line Extensions）意義：企業利用現有品牌的優勢背書，在增加該產品線的產品時，仍沿用原有的品牌。

二、品牌延伸優點：品牌延伸策略的優點有八點：1.原品牌資產可用；2.擴大原品牌銷售；3.減少產品上市費用；4.降低延伸產品失敗風險（新產品的失敗率在80-90%之間）；5.充分利用過剩的生產能力；6.填補市場的空隙，與競爭者推出的新產品競爭，或得到更多的貨架位置；7.滿足不同細分市場的需求；8.完整的產品線，可預防競爭者的襲擊。

三、產品線延伸策略：1.產品線向上延伸：為了進入高階市場，謀取更高的利潤和成長率，是產品線向上延伸的主因。通常原來的品牌定位，屬於中檔品牌，但隨著市場的發展，企業對品牌作向上延伸。2.產品線向下延伸：企業以高檔品牌推出中低檔產品，透過品牌向下延伸，擴大產品的市場占有率。採用向下延伸策略的企業，可能因為在高檔產品市場上受到攻擊，因此，透過拓展低檔產品市場來反擊競爭對手；也可能是中低檔產品市場存在空隙，銷售空間和利潤空間存在誘人之處；也可能是為了填補產品線的空檔，防止競爭者的攻擊性行為。3.雙向延伸，同時向上及向下延伸，透過精確的市場定位，搶奪競爭對手的市占率，開發不同層級的產品，創造更好的財務表現。

案例　iPod

iPod的產品線延展→低階市場：主打1GB僅79美元的iPod shuffle→中階市場：有中低容量的iPod nano，與HDD型30GB的iPod classic→高階市場：有160GB大容量的iPod classic，與具觸控面板及Wi-Fi功能的iPod touch。

四、策略成敗關鍵：品牌延伸時，要有品牌的中心思維，而且必須滿足三項要件，才能使品牌順利延伸。即1.消費者知覺到延伸產品，與原品牌具一致性；2.延伸產品相對於同產品類別的其他產品，在市場上具有競爭優勢；3.消費者感受的原品牌利益，可移轉至延伸產品。產品垂直延伸最重要的成功關鍵因素，在原有的客層，是否能認同及接受，現有品牌的核心價值。越靠近現有商線的產品垂直延伸，越容易被原有客層接受。

五、產品線擴展不利之處：品牌喪失焦點，迷失方向；淡化品牌原有的個性和形象，增加消費者認識和選擇的難度；產品線擴展造成混亂，加上銷售數量不足，難以抵銷開發和促銷成本；如果消費者未能在心目中區別出各種產品時，會造成同一種產品線中，新、舊產品對決的局面。

品牌策略規劃

銷售量 ← 品牌策略規劃 → 成長潛力

利潤 ← → 成本

品牌延伸優點

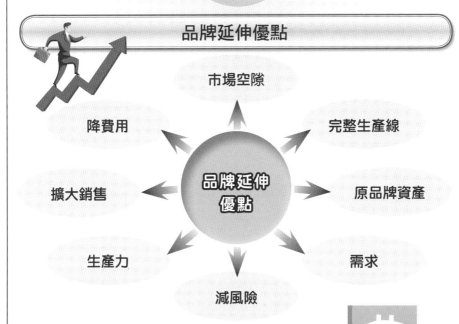

市場空隙

降費用　　　　　完整生產線

擴大銷售　品牌延伸優點　原品牌資產

生產力　　　　　需求

減風險

品牌延伸注意點

消費者感受　品牌一致性　競爭優勢

案例　哈雷機車 & Levi's

　　1903年創立於美國的哈雷機車（Harley-Davison），由於品牌延伸到非相關的菸草及酒品冷卻器，結果銷售不佳，還造成財務危機。知名牛仔褲品牌Levi's，也無法將Levi's休閒的品牌個性，有效的移轉到西裝服飾上，同為品牌延伸的失敗案例。

Unit **4-11**
品牌策略規劃 —— 多品牌策略

一、多品牌策略（Multi-Brands）意義

每一種產品，冠以一個品牌名稱；或是給每一類產品，冠以一個品牌名稱。這類產品可透過相似的配銷通路、類似的價格，銷售於同類，或不同類的目標消費者。

二、多品牌策略核心精神

發展出多個品牌，每個品牌都針對某一細分群體，進行產品設計、形象定位和廣告活動。那麼各品牌的個性和產品利益，便能更吻合，因此更顧及到某部分消費者的特殊需要。自然能獲取這一消費群體，信賴和品牌忠誠。比起面對消費大眾，卻泛泛而談，而沒有特色的品牌，更具競爭力。

三、多品牌策略優點

1.公司擴大整體市場占有率；2.競爭的有效武器；3.在不同的市場區隔上，吸引不同特性之消費者，獲致最大可能的銷售量；4.分散風險→不致因某種產品表現不佳，而使整體受到影響；5.有效吸引品牌忠誠度低的消費者。

寶鹼（P&G）就曾經發展出，1600多種的品牌。

四、多品牌策略缺點

1.企業資源可能過於分散，不能集中投放在較成功的產品；2.企業品牌可能自相競爭；3.多品牌造成品牌混淆；4.大量的研發投入造成成本上升，風險較大；5.容易形成多頭馬車。

多品牌導向組織的缺點，譬如企業有五個品牌，就有五個企劃為了自己的品牌，在進行媒體聯繫、異業行銷開發，對內產生重工，對外容易形成多頭馬車。解決此難題的方式是，將共同的工作抽出，成立異業公關小組、網路行銷小組、設計小組，形成共同資源，服務所有品牌，達到多品牌綜效。

五、多品牌策略的類別

(一) 個別品牌策略：這種多品牌策略，主要是因為兩種情況：1.企業同時經營低、中、高檔產品時，為了避免企業某商品的聲譽不佳，進而影響整個企業的聲譽。2.企業原有產品在社會上具有負面影響，為了避免消費者的反感，在發展新產品時特別採取多品牌的命名。

(二) 分類品牌策略：分類品牌策略是指企業經營的各類產品之間，差異非常的大。企業必須根據各產品的不同分類歸屬，採取多品牌策略。目的是為了保持企業，在消費者心中的主體形象。

(三) 企業名稱加個別品牌策略：企業考慮到產品之間，既有相對的同一性，又有各自的獨立性情況，典型做法是在企業名稱後，加上個別品牌名稱。

多品牌策略優點

市占率　競爭　市場區隔　吸引消費者　分散風險

多品牌策略

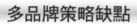

多品牌策略

個別品牌	分類品牌	企業名稱 ＋ 個別品牌

多品牌策略缺點

1. 資源過度分散	4. 多頭馬車
2. 自相競爭	5. 研發成本高
3. 品牌混淆	6. 風險大

案例　功學社 ＆ 神達電腦

　　成立迄今已逾80年的功學社教育用品公司，目前依樂器類別有六項自有品牌，包括Jupiter（管樂品牌）、Mapex（鼓樂品牌）、Walden（吉他品牌）、Majestic（打擊樂品牌）、Hercules（樂架品牌）為全球第一大品牌。

　　神達電腦在全球導航系統市場，以自有Mio品牌，主攻亞太及新興市場；Navman則是以紐西蘭、澳洲及西歐為主要重心；Magellan以北美市場為主。

Unit **4-12**
品牌策略規劃 ── 新產品策略

一、新品牌策略（**New Brands**）：企業在推出新產品時，採用新的品牌名稱。譬如，國賓飯店為塑造年輕活力品牌形象，因此推出全新飯店品牌「amba」。

(一) 時機：有更合適的品牌名稱，或原有品牌名稱不適合新產品。

(二) 考量變數：功效、風格、設計、價格、可靠性、可服務性、品質一致性等構面。

二、品牌傘策略（**Umbrella-Brand Strategy**）：企業生產的所有產品，均使用同一品牌。這是運用企業良好的形象，為新產品的品牌背書，自然容易引起消費者的喜愛、信任與認同。1.品牌傘策略在消費者信任度上，優於新創的品牌策略；品牌傘策略在市場接受度上，也優於品牌延伸策略。2.在品牌傘下，可能同時容納了，主品牌、副品牌、子品牌、混合品牌。管理這些品牌組合，最重要的是清楚定位市場區隔、形塑產品差異化。品牌傘內的管理步驟：(1)掌握消費者的偏好；(2)建立明確的市場區隔；(3)重新思考定位；(4)發展差異化策略；(5)一致性的品牌管理制度；(6)和消費者建立有效的溝通管道。

三、合作品牌策略：品牌或企業可找尋異業合作的機會，共創雙贏的市場。

(一) 合作品牌（也稱雙重品牌）意義：兩個或更多的品牌，在一個產品上，所做的結合。譬如，上市公司的台玻與東元合作，成立「台玻東元真空節能玻璃」。

(二) 合作品牌的形式：1.中間產品合作品牌，如富豪汽車公司的廣告說，它使用米其林輪胎；2.同一企業合作品牌，如摩托羅拉公司的一款手機，使用的是「摩托羅拉掌中寶」，掌中寶也是公司註冊的一個商標；3.合資合作品牌，如日立的一種燈泡，使用「日立」和「GE」聯合品牌。

四、支持專業行銷公司來打品牌：以製造和研發為主的企業，共同合資成立純品牌公司（**Pure Brand**），推動產業內的各種產品。這種經由國際行銷通路，與品牌經營的能量，能在最少資金的狀況下，將品牌行銷到全世界。同時又可以藉由繼續OEM與ODM的代工，獲取穩定的利潤，並且掌握產品的品質。

五、收購現有營運不佳的品牌：企業併購已成全球趨勢，其方法是藉由併購海外目標市場之品牌與行銷通路，以縮短摸索時間，降低海外營運風險。

(一) 購併效益：可透過被併品牌的既有通路，銷售既有品牌；可將既有產品掛上被併購品牌，於被購併品牌之通路上流通；製造或委外，可降低成本；進一步刪減重複的投資；可藉由市場擴大，降低過於集中的風險，並增強全球的競爭力。

(二) 併購成功要件：要了解各品牌的優劣勢，重新擬定合併後，企業的品牌架構和策略。

(三) 要重視客戶感受：在談併購的時候，光是應付那些複雜的數字，就夠煩人！經理人根本無暇去理會與顧客相關的事情，而顧客卻是品牌成功與否的關鍵。

新產品策略

| ① 新品牌 | ② 品牌傘 | ③ 合作品牌 | ④ 專業行銷 | ⑤ 購併 |

品牌傘

主品牌　副品牌　子品牌　混合品牌

品牌傘管理步驟

① 消費者偏好　② 市場區隔　③ 定位

⑥ 溝通　⑤ 管理制度　④ 差異化

案例　策略聯盟

　　80多家臺灣食品業，以策略聯盟的方式，成立上海合祥商貿公司，打出「四季寶島」品牌，搶進大陸市場。其中包括專賣麻糬的宗泰食品，與阿美麻糬、日月潭魚池鄉農會的阿薩姆紅茶、龍潭龍情花生糖等產品。策略聯盟包括集體行銷、集體參展、集體談判等，通路及資源共享，透過聯盟集體談判。

第 5 章

行銷的基礎 ——
品牌設計

章節體系架構 ▼

Unit **5-1**
設計是品牌的根本

設計是品牌工程的起點，不論哪一種產業，或是有多崇高的品牌理想，都必須從設計，打下品牌的根本與基礎。歐洲人說：「設計」是人類用智慧及技巧，解決問題的一種創意活動。猶太人說：「設計」是一種有市場性，及商品化的創意活動。日本人說：「設計」是一種有附加價值的創意活動。

一、設計意義：透過圖文或符碼的創作，將設計語言轉換成具有形狀、色彩、質感，在一定時間與空間內，呈現給消費者的產品。

二、設計角色：品牌可以創造出，常駐消費者腦海中的「認知價值」。而設計最核心的本質，正是透過創意概念、設計方法、材質運用，來創造出超越工具性，具備獨特「認知價值」的產品。

未能掌握消費者腦袋中，抽象的認知，就會淪於產品規格，與製程技術的追逐，並做出一堆功能強大，但差異不大的同質產品。

三、設計功能：創意的設計→為品牌形象發聲；以感動與驚喜的造型→為消費者提供更好的使用體驗；獨特設計的包裝→拉近品牌與消費者的距離；獲得企業目標效益；對總體產業來說，設計有助產業的轉型。

臺灣能歷經50年風雨的老品牌，大多是重視設計的品牌。如乖乖、綠油精、養樂多、蝦味先、阿瘦皮鞋、黑人牙膏、大同電鍋、丹麥酥餅、黑松汽水、義美蛋捲、小美冰淇淋、達新牌雨衣、萬家香醬油、白蘭洗衣粉、牛頭牌沙茶醬等。

四、品牌設計的範圍：市場設計分析、產品設計、品牌設計、品牌形象設計、品牌命名設計、企業簡介設計、品牌故事設計、展示設計、專屬網站設計、網頁設計、包裝設計、品牌口號設計、產品型錄設計等。

五、品牌與設計相輔相成：設計是一種藝術型式，也是一項行銷美學，透過這些設計，能建構具有獨特風格，明確市場區隔，吸引市場高忠誠度的顧客，進而建立獨有的品牌風格，不易被模仿的事業定位。

六、設計強調風格：「好的設計，應該超越功能」（Good design should be beyond function.）。在消費者導向的設計趨勢下，個性化、差異化的產品，表現文化特色的設計風格，已成風潮。例如，義大利風格、日本風格、德國風格、北歐風格等。各國不同的產品風格，所呈現的設計差異，正是「同中求異」的大趨勢。

設計發揮的功能

為品牌發聲

產業轉型

拉近與消費者距離

設計發揮
的功能

完成目標效益

使用者體驗

品牌設計範圍

產品設計

品牌設計

品牌形象
設計

品牌命名設計

企業簡介
設計

品牌故事
設計

展示設計

專屬網站
設計

網頁設計

包裝設計

品牌口號
設計

產品型錄
設計

Unit 5-2
品牌設計與重心

一、品牌設計的「特色」發展過程

品牌設計所強調的，就是特色！品牌設計的「特色」發展過程→1.功能階段：30年代的機能設計（Design for Function）；2.人性階段：50年代親人性設計（Design for User-friendly）的友善階段；3.樂趣階段：70年代趣味性設計（Design for Fun）為主軸的階段；4.幻想階段：90年代的新奇性設計（Design for Fancy）；5.情境感覺階段：21世紀人性化貼心設計（Design for Feeling）。

二、品牌設計重心

1.設計團隊要掌握產品的表象及意涵；2.針對其有形、物質、使用行為、儀式習俗、意識形態、無形精神等文化屬性，進行資料蒐集、分析、綜合等設計準備工作；3.透過設計，適切地把風格表達在產品上，達到消費者深層的期望，觸發其使用需求；4.透過文化認知的詮釋，將消費者所期望的經驗情感，投射在產品上，以引起消費者的共鳴，進而達到滿足消費者情感的需求。

三、設計要確保合乎消費者

商品要感動人，必須先將心比心，去體會目標消費者的生活，並設計出他們想要的產品。為確保合乎消費者的需要，其具體步驟是：1.決定誰是顧客（Who）；2.顧客想要什麼（What）；3.如何將顧客的需求，轉換成技術需求，並建立產品或製程特性的目標價值。

✏️ 案例 Marimekko

芬蘭第一品牌的書包Marimekko，顧客確認為學生。該公司以款名為Olkalaukku的設計，帆布為材質，內包外側有兩個口袋，可放鉛筆盒、行動電話，並有一個名片夾。這款書包被稱為「芬蘭人的書包」，32年的歷史，至今依然當紅。

四、易製性設計

在設計產品時，要考慮日後加工與組裝的方便，並減低生產的成本，與高品質的目標，通常應採取的六原則是：1.盡可能減少零件數目；2.採用模組化的設計；3.善用材料物理特性；4.注意製造方法；5.避免尖銳突出的設計；6.掌握製程能力。

五、電腦輔助設計

在研發產品時，可利用電腦來協助設計、修改、模擬、測試及分析。這個優點不僅能增加設計師的生產力，至少3至10倍，也不必費力準備產品或零件的手繪圖，還可快速且反覆地修正設計上的錯誤。

品牌設計的特色發展

品牌設計的特色發展

1.功能 → 2.人性 → 3.樂趣 → 4.幻想 → 5.情境感覺

品牌設計重心

| 產品表象及意涵 | 掌握文化精神 | 觸動並達到消費者期望（風格） | 滿足消費者情感 |

易製性設計原則

減少零件數目

模組化設計

掌握製程能力

易製性設計原則

避免尖銳突出設計

善用材料特性

注意製造方法

Unit 5-3
品牌風格

　　形成品牌「設計風格」的原則，有「底層醞釀」、「設計週期」、「設計社會學」、「鐘擺效應」、「時代精神」等，五種不同的理論觀點。

　　一、風格：風格能提供一種氣氛，給人一種特殊感覺（簡約、時尚、華麗等），或不同的深刻印象，是各種特色的綜合表現。

　　二、品牌風格（**Brand Character**）：指品牌本身在市場上，所展現長期持續性的特質與格調。每一種品牌的風格，都不盡相同。

案例

(一) 臺灣最大品牌的「霸味」薑母鴨，風格特色是湯頭、鴨肉、爐具、矮凳。

(二) 宏碁的法拉利筆電提供了速度、頂尖的造型。

(三) 華碩推出皮革包覆的筆電S6，突顯時尚、流行的意象，以竹子為材質的U6系列，在在傳達了中國的優雅。

(四) Vespa的摩托車造型具有義大利異國風情，鮮豔的色彩會讓消費者覺得這比其他的牌子更有靈魂。

(五) 瑞士飛力飆馬Felix Buhler的高爾夫貴族休閒品牌，則強調豐富變化性的色彩、協調的幾何圖形線條，呈現出貴族般的優雅魅力。

(六) 義大利百年歷史的米蘭品牌GUCCI，一向講究現代藝術氣息，如簡潔而摩登的皮件系列，注重「性感危險風格」的鞋子，其他在家飾品、寵物用品、絲巾與領帶的設計上，則幾乎都呈現冷靜、現代的精緻風格。

　　三、品牌風格設計的內涵：就是要呈現「物」的風格構想，並賦予形狀的造型過程。品牌風格在設計上，須考慮到三個層面，即美學的要素、技術的要素、人體工學的要素。透過這三者的總和，可以為品牌設計出風格。

　　四、品牌風格設計的原因：消費者會尋找符合自己個性一致的品牌風格，提升消費者「生活品味」；透過所購買該品牌風格的產品，得以表示「我們是誰」。

　　五、塑造品牌風格的目的：品牌風格能塑造企業與產品的形象，以及與產品相關的各種屬性。品牌風格的接受程度，反映市場對該品牌的感覺。若是消費者覺得這個品牌是恰當的，是屬於自己的產品，則比較願意與該品牌建立關係。

　　六、品牌風格的魅力：品牌風格的第一印象，就決定了與消費者的距離。每個成功的品牌，都塑造了獨特的風格和個性，譬如真誠（Sincerity）、興奮（Excitement）、能力（Competence）、典雅（Sophistication）、堅實（Ruggedness）、地域（日本、蒙古）特色、原住民特色等。

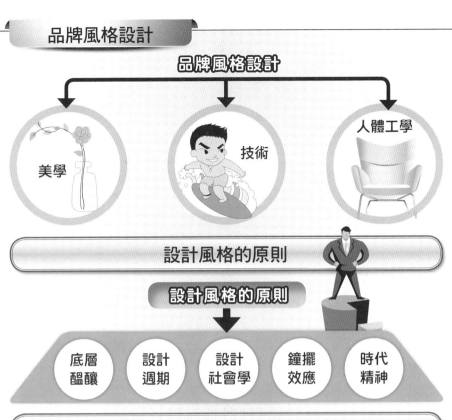

品牌風格設計

美學　技術　人體工學

設計風格的原則

設計風格的原則

底層醞釀　設計週期　設計社會學　鐘擺效應　時代精神

品牌風格個性

① 真誠
② 興奮
③ 能力
④ 典雅
⑤ 堅實
⑥ 地域（北歐……）特色
⑦ 原住民

塑造品牌風格目的

塑造品牌風格目的

塑造企業和產品形象

產品相關屬性

Unit 5-4
品牌風格設計

　　一、風格塑造：產品風格的形成，有其發展的歷史，每個時代、區域、社會都各有其特殊性。不同民族在不同時間，衍生出不同的主流設計原則或策略，這就是不同時代的風格設計。其過程從希臘羅馬時代的設計風格→中世紀設計風格→文藝復興設計風格→矯飾主義設計風格→巴洛克設計風格→洛可可設計風格→新古典主義設計風格→美術工藝設計風格→包浩斯等現代設計風格→裝飾藝術設計風格→抽象主義設計風格→後現代設計風格→21世紀設計風格。

　　二、風格設計方法：1.「劇本」式設計法→「以使用者為導向」，於設計開發過程中，不斷以視覺化及實際體驗的方式，引導參與產品設計開發人員，從使用者及使用情境的角度，去評價產品設計的成熟度與周全性，以達到一個具有美學的造形，且充滿感情能夠打動消費者的心靈產品。2.情境故事法→在產品開發過程中，透過「想像」消費者可能的使用情境，以檢驗產品的構想，究竟是否符合使用者的需求。3.產品語意學設計法→經由符號造型、抽象圖案等操作，來詮釋產品設計的意義，並提供使用者與產品之間，良好的訊息傳達！4.追隨既有「典範」→過去的典範，從希臘羅馬時代的設計，到後現代的設計，只要追隨既有「典範」的設計，也是風格設計方法之一。

　　三、風格設計標準：當消費者第一次看到、摸到產品時，或在享受消費時，會有驚喜的感覺，這樣的風格特色，就算成功了！

　　四、風格設計的美學：風格設計必然要加入美的形式，其內涵包括了秩序美、反覆美、漸變美、律動美、比例美、對比美、調和美、統一美、基本美等。透過風格造型，設計達成了五大功能：1.識別與確認；2.資訊分享；3.市場銷售；4.製造歡樂；5.創造差異化。這些功能既可使消費者，獲得產品功能上的滿足，以及心理的愉悅。

　　五、風格設計應有「三個掌握」：1.掌握設計原理→直線、平面圖像、立體造型、空間、顏色、構成、組織原理等，會對消費者產生不同的心理影響；2.掌握設計需求→目的、功能、美感、性能、市場、特徵、品味、風格、安全性、制定設計概要及規格外，更要為商標與製成品設計視覺美感；3.掌握美的形式技術→平面構成技術、視覺幻象技術、特殊技法表現、基本攝影技術，以及文字造型技術。

　　六、新時代設計的風格特色：1.低調華麗：全球的失業潮，以及貧富差距過大，所以目前新時代設計的風格特色，主要偏向簡單、大方、不張揚的低調華麗風格；2.個性化需求：企業為滿足消費者個人化需求，因而興起客製化的潮流。特別在產品風格裡，加入了自我意識，使產品更具獨特性。

風格設計方法

- 「劇本」式設計法
- 情境故事設計法
- 產品語意學設計法
- 追隨既有「典範」設計法

風格造型功能

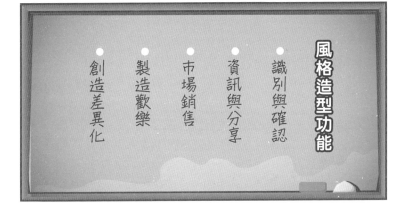

風格造型功能

- 識別與確認
- 資訊與分享
- 市場銷售
- 製造歡樂
- 創造差異化

風格設計「三掌握」

- 掌握設計原理
- 掌握設計需求
- 掌握美的形式技術

新時代風格特色

新時代風格特色

- 低調華麗
- 個性化需求

Unit 5-5
產品設計的方式

品牌大師馬汀・林斯壯（Martin Lindstrom）在《收買感官，信仰品牌》（*Brand Sense*）指出，藉由視覺、聽覺、嗅覺、味覺、觸覺的設計，可以左右消費者對於品牌的了解，甚至影響消費者潛意識的購買慾。

一、新產品開發過程

第一階段是「創意發想」，第二階段「形成概念」，第三階段開始進行「可行性評估」，若有獲利前景，第四階段是初步的設計提案（構想草圖——色彩、風格、形狀、功能），第五階段修改；第六階段細部設計（含材質設定）；第七階段進入製程，第八階段產品「上市」，第九階段後續追蹤與調整。

二、產品設計方式

傳統的產品開發過程，多是以循序漸進的方式進行，不僅延長了產品的開發時程，更浪費生產成本，經常導致產品錯失上市時間的競爭優勢。

(一) 同步工程：目前產品的設計，最常使用的是同步工程。

1.同步工程的目的→整合行銷、產品設計、製造及相關製程，以有效縮短產品開發時程。

2.同步工程的特色→在產品設計的初期，讓設計、品保、工程、製造、行銷、採購等人員，以交叉功能小組的方式，共同參與研發。

3.同步工程的優點→能使研發人員在最早時間內，有效掌握各部門的意見，降低反覆溝通的次數，縮短開發時程，更能符合消費者需求。非研發人員得以提早獲得研發相關的訊息，而能有更充裕的時間，進行準備工作（如市場行銷）。

(二) 連鎖設計：產品設計程序在傳統上，有一定的連鎖性，而且是因果的連鎖性。例如設計的程序，必然包括設計目標、設計計畫、設計意念、設計程序、設計成型、與設計行為。若進一步分析設計活動的程序，則包括分析設計內容、設定設計條件、確定設計準則、制定設計計畫、蒐集設計資料、構思設計意念、完成機能分析、確定設計原型、回饋設計目標、發展細部設計、傳達設計答案。

(三) 多軌設計：多軌設計是指產品設計程序、生產製造、周邊相關計畫調查等，可以多方面同時進行的設計，其最大優點是降低成本、節省產品上市時間。

(四) 重疊設計：此種產品設計的所有階段，可以不必同時進行，只要透過協調與溝通，就能把不同階段的個體連在一起；其最大的優點，就是可以縮短商品的交付期。

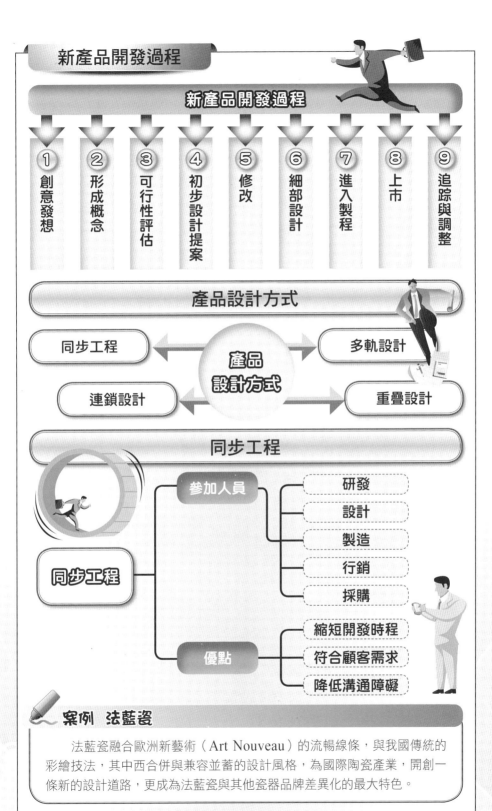

新產品開發過程

新產品開發過程

① 創意發想
② 形成概念
③ 可行性評估
④ 初步設計提案
⑤ 修改
⑥ 細部設計
⑦ 進入製程
⑧ 上市
⑨ 追蹤與調整

產品設計方式

同步工程　←　**產品 設計方式**　→　多軌設計

連鎖設計　←　　　　　　　→　重疊設計

同步工程

同步工程

參加人員
- 研發
- 設計
- 製造
- 行銷
- 採購

優點
- 縮短開發時程
- 符合顧客需求
- 降低溝通障礙

案例　法藍瓷

　　法藍瓷融合歐洲新藝術（Art Nouveau）的流暢線條，與我國傳統的彩繪技法，其中西合併與兼容並蓄的設計風格，為國際陶瓷產業，開創一條新的設計道路，更成為法藍瓷與其他瓷器品牌差異化的最大特色。

Unit **5-6**
設計不可忽略的細節 —— 設計記錄簿

設計與研發，同為產品開發的兩大引擎。辛苦的設計研發，如果智慧財產權被竊，對於企業將是嚴重打擊。為保護此成果，設計記錄簿不可缺！

一、設計研發記錄簿：是設計與研發工作過程中，各種靈感、初步構想、計算、討論摘要、訪談內容，及心得和結果的結晶。

二、設計研發記錄簿的功能：避免設計人員離職（或變動），造成設計延宕的遺憾；保護智慧財產權。

三、設計研發記錄簿格式：設計研發記錄簿格式無特殊規定，但至少應包括「公司名稱」、「部門名稱」、「領用時間」、「歸檔時間」、「記錄簿編號」、「頁碼」、「記載人簽名」、「見證人簽名」等各欄。工作有關任何事項，諸如實驗記錄、維修記錄、會議摘要、必要之圖表、相片或數據、長官指示、工作計畫、參觀訪問記錄，以及個人心得、發現、創意等，均可記載。

四、設計研發記錄簿的記錄時間：設計研發記錄簿應即時填寫，撰寫頻率1週不應低於1次。負責主管應於每日或每星期，定期檢視團隊成員進度，查看是否有確實按照，原先的設計方向和目標進行。

五、設計研發記錄簿的記錄方式：1.設計研發記錄簿應逐頁編碼；2.每頁應填寫專案代號、記錄人姓名及時間日期；3.應使用能永久保存的書寫工具，原子筆、鋼筆、簽字筆，避免使用鉛筆；4.應注重清楚、明瞭，並加上簡單的說明和結論，以利後續的工作者，可以繼續工作；5.切勿在紙上撰寫後，再黏貼於記錄簿上；如果必須黏貼電腦輸出文件、照片、圖及表格等時，須在接縫處簽上姓名和見證；6.設計記錄簿不得撕毀，記錄錯誤的地方，也切勿擦掉、塗改，應以線條劃掉，或用修正液塗掉，並簽上姓名及日期。

六、見證時機：1.定期送請主管或見證人見證；2.遇有重大發現、發明、心得或創意等，應即送請見證；3.重大發現或發明，最好有兩人以上見證；必要時應將有關之設計（或實驗），在見證人面前重作一次。

七、保密：1.設計研發記錄簿非經主管許可，不得攜離工作場所；2.研發記錄簿非經主管許可，不得對外揭露記載內容；3.未經許可，不得擅自翻閱他人，設計研發記錄簿。

八、離職，應將設計研發記錄簿，繳回研發記錄簿管理單位。

設計研發記錄簿功能

設計研發記錄簿功能

避免造成設計延宕

保護智慧財產權

設計研發記錄簿格式

公司名稱

見證人簽名

部門名稱

記載人簽名

設計研發記錄簿格式

領用時間

頁碼

歸檔時間

記錄簿編號

設計研發記錄簿記錄方式

1. 逐頁編碼

4. 接縫處簽名

2. 每頁有專案代號、記錄人姓名、日期

5. 記錄有誤以線條劃掉，不可塗改

3. 永久書寫工具

Unit **5-7**
品牌決策團隊

品牌決策團隊與品牌管理團隊，各有不同的分工與任務。品牌決策團隊主要負責，品牌的大戰略，建構品牌管理團隊，與品牌發展的總體方向。

一、高層擔任

「創辦人的信念」，是品牌的根！事實上，一個品牌的成功，公司創辦人及決策者的態度，是非常的關鍵！

 案例 華碩

華碩Eee PC品牌推動，這是由創辦人施崇棠先提出概念，執行長沈振負責定調產品、掌控進度，電腦事業處總經理居中執行、協調。

二、專業團隊擔任

 案例 王品集團

王品集團內，根據不同的品牌，都設立一個品牌決策小組，如王品小組、原燒小組、品田牧場小組等。每一個品牌小組，完全掌握品牌的事務，舉凡年度行銷計畫提案、消費者試菜、店鋪裝潢風格管理、店鋪裝置藝術、文宣統籌管理、網路行銷、媒體聯繫、異業合作開發等，都涵蓋在內。

為避免對外形成多頭馬車，於是將共同的工作抽出，成立異業公關小組、網路行銷小組、設計小組，形成共同資源，服務所有品牌，達到多品牌綜效。

三、做好決策的5C模式

1.思考（Considering）；2.諮詢（Consulting）；3.承諾（Committing）；4.溝通（Communicating）；5.檢討（Checking）。「檢討」，包括選定績效指標、設定目標、評估過程、確認發展需求等。

決策時常面臨的障礙，包括：問題不明確、目標不清楚、資訊有限、不足或太多、相關性不明、不確定的因素、環境變動快速、完成決策的時間急迫、實現決策方案的資源缺乏等，因此往往掉入決策陷阱而不自知。

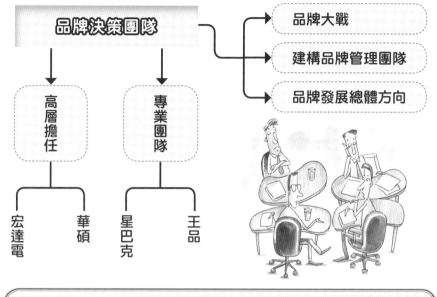

品牌決策團隊

品牌決策團隊

- 品牌大戰
- 建構品牌管理團隊
- 品牌發展總體方向

高層擔任
- 宏達電
- 華碩

專業團隊
- 星巴克
- 王品

決策5C

決策5C
- 思考 → 績效目標 / 設定目標 / 評估過程 / 確認發展需求
- 諮詢
- 承諾
- 溝通
- 檢討

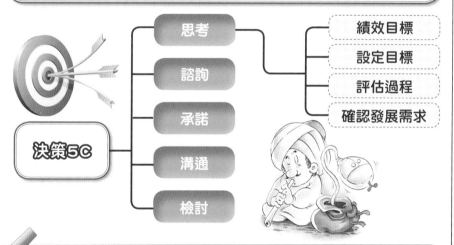

案例 宏達電

國內宏達電「HTC阿福機」品牌（智慧型手機），先是由宏達電總裁兼執行長周永明，把推動「HTC阿福機」品牌的利弊得失、風險和策略，寫成長達數頁的營運計畫書，呈報給董事長、總經理和營運長。核可後，再送到董事會取得認同，最後則把這份計畫書，交給品牌經營團隊推動規劃。2006年，正式展開宏達電的營運轉型行動。2007年6月推出「阿福機」，HTC一戰成名。

Unit 5-8
品牌管理團隊

人才是品牌管理團隊中，最重要的DNA。當領導階層揭示了遠景，並制定了明確的品牌戰略之後，品牌管理團隊的責任，便是落實執行力。首先，應該要以身作則親自到市場上，與顧客、合作廠商直接溝通，傾聽顧客的聲音與意見，以敏銳的市場洞察力，以市場、顧客的需要，為依據的決策。

一、品牌管理參與人員

品牌經理、設計師、製造與技術工程，以及相關的行銷，和後續配套服務等相關人員，都是品牌管理重要團隊成員。

二、品牌管理團隊負責項目

負責品牌定位→品牌創造→品牌推廣→品牌轉型再造。1.品牌創造：包括品牌命名、標語發展、視覺識別建立、行銷資源設計等品牌識別設計（Creation）領域；2.品牌再造：涵蓋視覺識別修正、行銷資源設計、品牌教育訓練等品牌形象更新（Re-flash）範疇；3.品牌轉型再造：涵蓋品牌教育訓練、視覺識別重建、行銷資源再設計等轉型議題。

三、品牌管理簡易化步驟

第一步→認識品牌所要針對的目標客戶；第二步→清楚了解自身所處的市場位置；第三步→仔細研究並掌握顧客、競爭對象和市場趨勢；第四步→提出品牌承諾；第五步→說得出，做得到（品牌承諾）。

四、溝通

品牌管理團隊須不斷與其他相關部門成員，協調、合作與交流，其中，傾聽是管理者的重點。譬如，行銷人員會將市場調查的訊息，加以整理出脈絡，進而提出研究結果。而設計師將研究資訊，轉換成理想的產品設計；技術工程人員則是將設計師的產品設計模型，加以付諸實現。例如，華碩當年因行銷部門帶來價格因素，而企圖將Eee PC售價，壓在199美元（一顆最新款中央處理器CPU，要價可能就超過100美元）。因此，把幾個重要的零件如面板、變壓器、CPU、軟體等拆解出來一一詢價，並與技術工程人員就規格材料調整。

案例 蘋果

蘋果公司以專業化分工出名，譬如，蘋果全公司跟視覺設計相關的事務，都統一由圖案藝術部門主導；零售事業的負責人，管不了店內的存貨；網路商店的負責人，無法插手網站視覺設計。

106

品牌管理項目

品牌管理項目

品牌定位

品牌創造

品牌推廣

品牌轉型再造

品牌管理步驟

1.確認 目標客戶

2.確認 所處的 市場位置

3.掌握顧 客、競爭者、 市場趨勢

4.提出 品牌承諾

5.實踐 承諾

品牌轉型再造

品牌教育訓練

視覺識別重建

行銷資源 再設計

Unit 5-9
品牌經理（一）

一、品牌經理的重要

　　建立品牌最重要的門檻是，擁有一位具備完整品牌概念、管理知識，與實務操作的品牌經理人。在整個品牌管理的過程中，品牌經理（Brand Manager）從規劃、執行和控制某一產品線，或產品群的一切行銷活動，都扮演重要角色。很多的企業由於沒有適合的品牌經理人，因而讓品牌化的過程，充滿險阻與滯礙難行。

二、品牌經理工作範圍

　　品牌經理是打造品牌的關鍵靈魂人物，其主要工作，共有八項，包括1.市場分析與擬定行銷策略；2.提出現有產品改善與強化計畫、新產品上市計畫、品牌或自有品牌上市計畫；3.提出銷售目標、計畫，與年度損益預估數據；4.持續強化行銷通路的建置；5.進行產品上市活動與行銷媒體宣傳；6.展開銷售成果追蹤與產品庫存管理；7.定期進行品牌檢測；8.備妥行銷應變計畫。

三、品牌經理的條件

　　(一) 智慧耐力：要領導一個品牌小組，一定要有智慧耐力、冷靜思考問題的解決能力、強烈的市場觸覺。同時因為工作很廣泛、複雜，舉凡創新研發、部門協調、品質形象維護、宣傳策略、培訓前線推銷員、市場推廣的品牌策略、與零售商或新客戶開會、處理突發事件，以及分析品牌營運，工作非常繁重。

　　(二) 創意：經營品牌最困難的，不是投入金額的多寡，而是「創意」的發想。創意非常重要，對於如何處理產品的市場、設計、包裝、銷售、消費者、潮流、售價及競爭者等，如果都是按照一定模式，有時很可能走到死胡同。因此對於行銷工具中的定價策略、促銷、店內陳列、刺激銷售人員的誘因，以及改變包裝，或提升產品品質等，若能有出奇制勝的創意，企業必然會因此有正面加分的作用。

　　(三) 品牌策略：品牌策略涵蓋的範圍很廣，主要涉及四大方面。

　　1.品牌形象：消費者對品牌有什麼既定的認知形象？品牌經理必須透過各種行銷活動與對外訊息，決定品牌所需具備的理性和感性的形象暗示。

　　2.品牌權益：前述的品牌形象，對消費者而言有什麼價值？對他們是不是有相關性與重要性？要在高度變動的市場中，維持產品形象，對品牌經理是大考驗。

　　3.品牌定位：前述的品牌形象，和競爭者相比有何不同？有何優勢？

　　4.品牌管理：品牌經理必須做的決定，包括產品線的延伸、改變產品價值，以符合客戶需求，並確保品牌承諾的價值。

品牌經理工作範圍

<table>
<tr><td rowspan="4">
品牌經理
工作範圍</td><td>① 市場分析、擬行銷策略</td><td>⑤ 上市活動及媒體行銷</td></tr>
<tr><td>② 新產品上市計畫</td><td>⑥ 銷售成果追蹤</td></tr>
<tr><td>③ 提出銷售目標</td><td>⑦ 定期品牌檢測</td></tr>
<tr><td>④ 行銷通路建置</td><td>⑧ 備妥行銷應變計畫</td></tr>
</table>

品牌經理條件

智慧耐力

協調溝通

品牌經理
條件

創意

敏感度

品牌策略

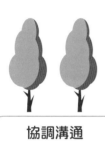

Unit **5-10**
品牌經理（二）

(四) 敏感度：品牌經理必須對數字、消費、流行等市場趨勢，以及政治、經濟（美國QE退場）、治安、人口（少子化）、科技變化（3D列印技術）等大環境，都要極度敏感。當偵測到這些變化時，一定要能臨機應變。

(五) 協調溝通：今天的企業主管如果想達成目標，要加強的，已經不只是帶領自己團隊的領導力了，還包括跨部門、跨層級的溝通影響力。因為他不但要了解市場需求，也要精通技術，更要負責部門間協調，與合作伙伴發展長線關係。例如，對於負責產品的創意發想與開發，需要和研發部門溝通，同時又要和市場行銷部門密切合作，甚至偶而也要向財務部門爭取經費。

案例　華碩 & 全家便利商店

華碩當年為推出Eee PC，便組成了一個專案團隊，由臺灣負責軟體，蘇州開發硬體。為了搶時間上市，在那一個月內裡，每天都有臺灣成員把零組件帶去蘇州，蘇州成員則把硬體送來臺灣，和軟體一起運作，且都反覆討論。

全家便利商店結合傳統戲劇霹靂系列的DVD商品，並取得日本獨家授權，蠟筆小新周邊系列商品。又與國內最大咖啡豆進口商金車集團伯朗咖啡合作，推出「全家‧伯朗咖啡館」聯合品牌（co-brand）行銷，在全省1,200家店內鋪設咖啡機。

四、品牌經理的痛處

在臺灣的代工生態中，品牌經理常是吃力、不討好。特別是品牌經理沒有直線的指揮權，也不具人事調動權，但卻要擔任各部門，以及公司與公司間的協調，而且每一次商討問題，都要謀求共識，找出雙贏之道。

五、品牌副理

品牌經理需要有副手的協助，這位副手常稱為品牌副理。品牌副理所需條件，主要有十二點：1.熟悉公關及媒體作業；2.負責統籌規劃新品牌事業發展策略；3.負責制定品牌事業經營規劃、銷售計畫、財務預算；4.負責組建並管理品牌運營團隊；5.配合公司制定的品牌定位與品牌策略，推廣品牌價值及企業形象；6.組織、協調公司的其他部門，共同完成整體營運目標的達成；7.了解市場消費模式且具備行銷經驗；8.了解如何運用現有資源並領導團隊；9.隨時保持第一手產業競爭敏銳度；10.具高度市場敏銳度；11.具設計、鑑賞能力；12.具創意、行銷企劃能力。

品牌策略

| 品牌形象 | ← | **品牌策略** | → | 品牌定位 |
| 品牌權益 | ← | | → | 品牌管理 |

品牌經理「敏感度」面

經濟
（中國錢荒、
安倍3支箭）

政治

消費、
市場趨勢

科技變化
（3D列印技術）

數字

人口
（少子化）

治安
（埃及動亂）

品牌副理

品牌副理

①	②	③	④	⑤	⑥	⑦	⑧	⑨	⑩	⑪	⑫
創意行銷能力	設計鑑賞力	市場敏銳度	產業敏感度	運用資源	掌握市場消費模式	達成營運目標	推廣品牌價值、形象	品牌團隊經營	品牌經營規劃	新產品策略	熟悉公關媒體作業

第 **6** 章

設計品牌識別系統

章節體系架構 ▼

Unit 6-1
品牌識別系統

　　品牌識別系統是品牌的身分證，不但能彰顯企業精神所在，又能成為行銷利器。品牌識別系統是在一個總體精神架構指導下設計，因此，品牌符號與標幟、品牌人物、品牌口號、品牌短歌，甚至顏色的搭配，都不應該出現各自為政的現象，而是不可分開的一整組。

一、企業識別系統的功能

　　對外→有助於企業形象的統一和強化，增強行銷力量、提高品牌知名度；對內→凝聚員工向心力，增強自我認同感與價值觀。

二、企業識別系統（Corporate Identity System，簡稱CIS）意義

　　企業將理念、風格、產品、行銷策略，運用視覺傳達等設計的技術，透過整體設計的表現，來塑造企業獨特化、一致化形象，使之有別於其他競爭者，而使消費者心中產生深刻的認知，最後達到產品銷售的目的。

三、企業識別系統內涵

　　涵蓋理念識別（Mind Identity, MI）、視覺識別（Visual Identity, VI）、行為識別（Behavior Identity, BI）等三個體系。

(一) 理念識別：讓消費者辨識到→1. 品牌核心價值；2.對消費者承諾。

案例

　　BMW提供的品牌核心價值→舒適卓越的汽車；櫻花的承諾是：1.永久免費廚房健檢；2.油網永久免費送到家；3.熱水器永久免費安檢。

(二) 視覺識別：視覺識別雖屬靜態的識別符號，但卻能以最統一、最具體化的方式，將企業精神、對消費者的承諾，傳遞給消費者。以視覺識別系統，來統一企業整體形象，這包括兩個層面：1. 基本要素：企業名稱、企業標誌、標準字、專用字型、標準色、象徵圖形等。2.應用要素：包括人員名片、事務用品、包裝、招牌、座車外觀、指標系統、員工制服（上衣、領帶、褲子、裙子、外套、背心）、企業廣告、企業宣傳、徵才廣告等。

(三) 行為識別：行為識別是為了具體實踐企業的使命、願景，所有企業成員共同的表現。譬如王品集團，要求員工對消費者的笑容，必須露7顆半的牙齒。那「7顆半的牙齒」，就是行為識別。因此一個成功的品牌企業，應該系統性的持續教育員工，使其充分掌握品牌意識、品牌定位與價值。

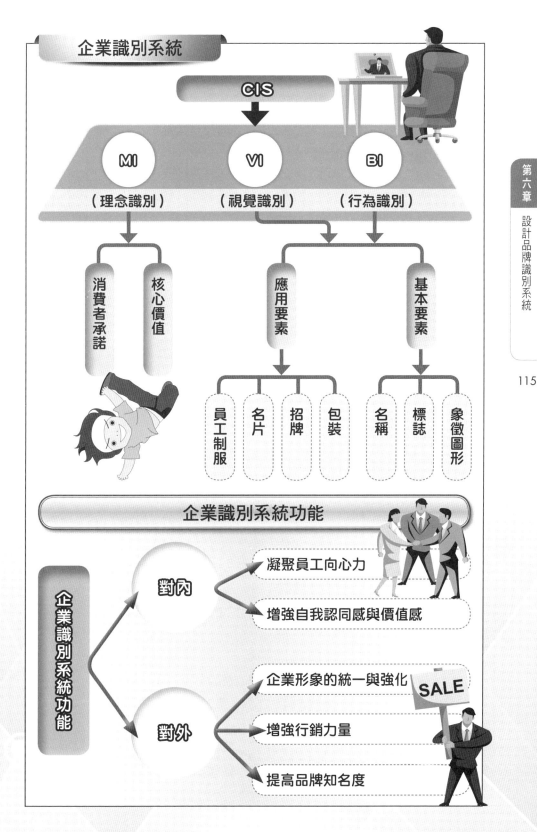

Unit 6-2
品牌標誌的設計

　　品牌標誌是企業視覺傳達要素的核心，屬於象徵性的視覺語言。它是利用圖形或文字為媒介，來傳達事物或現象的象徵意義，具有簡明的獨特造型，以及辨明、區別的作用。換言之，標誌是以特定、明確的造型，來表示事物或代表事物，不僅可作為事物存在的指示，並包括了目的、內容、性質的總體表現。

　　一、品牌標誌的意義：品牌中可以被認出、易於記憶，但不能用言語稱謂的部分，包括符號、圖案或明顯的色彩或字體。

　　二、品牌標誌的原則：標誌設計（Logo Design）的原則，應該具備1.簡明；2.易辨；3.獨特；4.審美等特性。它雖沒有固定的模式，但仍可分成(1)文字式；(2)圖畫式；(3)綜合式等三類。

　　（一）文字式是採用文字或數字等，構成的線性造型標誌，它屬最直接又簡便的方法。譬如，統一企業標誌，係由英文字「PRESIDENT」之字首「P」演變而來。翅膀三條斜線與延續向左上揚的身軀，代表「三好一公道」的品牌精神（品質好、信用好、服務好、價格公道）。

　　（二）圖畫式包括具象與抽象，兩種表達的方式。1.具象形式的標誌，常以動、植物或人造物為題材簡化而成。譬如，彪馬（Puma）運動鞋品牌，採用「美洲豹」作為品牌Logo（美洲豹代表速度及優越感）；2.抽象造型的標誌，則包含理性的幾何造型，和具感性的自由造型等，具有簡潔、明確的現代感。大眾汽車公司的德文Volks Wagenwerk，意為大眾使用的汽車。品牌標誌像是由三個用中指和食指作出的「V」組成，表示大眾公司及其產品，必勝－必勝－必勝。

　　三、品牌標誌的種類：標誌的設計可大可小，其小到可以只是一個符號識別，大到可以成為企業識別的核心。在設計的表現上，也因業別、經營內容，以及種種不同的條件，有著甚多的方式。

　　四、品牌標誌的功能：品牌標誌是將具體的事物、事件、場景，和抽象的精神、理念、方向，透過特殊的圖形固定下來。使人們在看到標誌的同時，能自然的產生聯想，從而對企業產生認同。

　　五、品牌標誌的設計風格：品牌標誌的設計風格，分成「簡潔與自然風格」、「流行與可愛風格」、「冷調與硬派風格」、「和式風格」與「其他風格」等五種風格。

品牌標誌原則

美學（感）	辨易
獨特	簡明

品牌標誌原則

品牌標誌模式

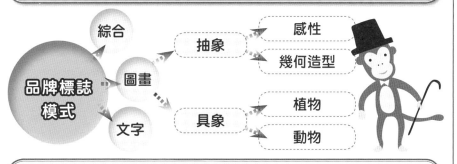

品牌標誌模式 → 綜合
品牌標誌模式 → 圖畫 → 抽象 → 感性
圖畫 → 抽象 → 幾何造型
品牌標誌模式 → 文字
圖畫 → 具象 → 植物
具象 → 動物

品牌標誌風格

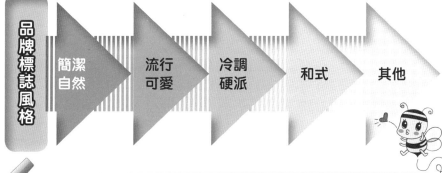

品牌標誌風格：簡潔自然 流行可愛 冷調硬派 和式 其他

案例 IBM & LG

　　1956年，國際商業機器公司（IBM），將「B」字中間改成兩個方洞，並將三個字母以同一個風格修正，模擬由打字機所打出來的字，因為IBM是從事務機器及打字機起家的。藉著簡單鮮明的標誌設計（設計者：Paul Rand）和統一的視覺識別。因此成功建立高科技領導者的形象，結果大為成功。

- -

　　LG品牌標誌包含兩部分：LG灰色的LG字樣商標，以及獨特的LG紅色抽象化笑臉譜圖案，代表友善及平易近人。圓圈代表地球。整體而言，LG標誌代表世界、未來、活力、人性及科技。單眼代表目標明確、專注、自信。

Unit 6-3
LOGO標誌設計流程

　　品牌標誌是品牌意涵的血脈，當消費者了解品牌背後的意涵，此時標誌的威力，就變的強大。一般來說，LOGO標誌有其基本的設計流程，核心主要有五項。

一、事前調查

　　LOGO是企業重要的視覺符號，在設計之前，首先要對企業做全面深入的了解，包括對競爭對手LOGO的了解、本身經營戰略、市場分析、企業最高領導人員的遠景、理想，這些都是LOGO設計前，必須掌握的。

二、提案

　　依據對調查結果的分析，提出最能代表本企業的LOGO的結構模型、色彩取向，使設計工作有的放矢，而不是對文字圖形的無目的組合。

三、實際設計開發

　　設計師應對LOGO相關要素充分理解，並搭配適當色彩，將企業核心精神徹底調查。

四、要有美感

　　一個良好的標誌，力求消費者留下深刻的印象。因此，標誌的造型要優美流暢，顏色要富有感染力，使視覺印象留在消費者心中。

　　(一) 顏色：色彩是視覺記憶中排名第一的要素，具有直覺能量，能對消費者的心理感覺，造成直接的影響。所以品牌色彩的視覺效果，雖是無聲語言，但它的能量，確能改變人的心情。

　　紅、黃、橘色這種比較暖色系的顏色，突顯溫暖，通常會讓人心情比較好。藍色代表沉著、崇高、清淨；深藍色讓人感覺認真執著、重視信用、尊重禮儀、智慧較高；黑色、棕色代表高質感；潔白是純真；紅色屬於個性較強的顏色，代表熱情、性感、高貴、海派、活潑；五彩繽紛代表永遠年輕，有活力、有創造力。

　　(二) 造型：漢字的形態，在結構和比例上，是如此的優美。如果能轉換成實物的造型設計，必能在造型設計上，有突出的表現。

　　(三) 設計技術：LOGO標誌設計可能涉及基本攝影技術、視覺幻象技術，以及文字的編排與規劃。運用這些技術原則時，必須要重視設計美學。

五、LOGO調整與修正

　　提案階段確定的LOGO，可能在細節上還不太完善。但經過對LOGO的標準製圖、大小修正、色彩與線條的調整、不同表現形式的修正，使LOGO更能符合企業的精神。

LOGO設計流程

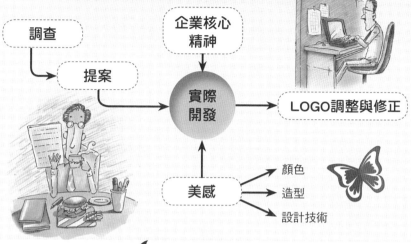

LOGO設計流程

調查 → 提案

企業核心精神

實際開發

LOGO調整與修正

美感 → 顏色、造型、設計技術

LOGO顏色

紅 熱情、海派

白 純真

五彩 年輕、活力

藍 沉著、清淨

深藍 信用、禮儀

黑 質感

例證

　　統一企業商標的顏色，各有意涵。紅色代表熱誠服務，黃色是溫馨愉悅，橙色則是食品的滿足感、豐富感。麥當勞的黃色商標傳達歡樂氣氛；蘋果電腦從彩色蘋果LOGO轉變成黑白配；運動品牌NIKE也是以黑色為主，就是為了呈現設計感和質感。

- -

　　百事可樂的圓球標誌，上半圓是紅色，下半圓是藍色，中間是一條白色的飄帶，視覺極為舒服順暢。使人產生喝了百事可樂，就有欲飛欲飄的舒暢感。

品牌名稱

品牌名稱是強而有力的識別系統，是最不易隨歲月更動的，在所有與品牌相關要素（品牌名稱、包裝、平面設計、廣告、促銷活動）中，也最為關鍵。

一、品牌名稱起源：我國太陽餅業者多以商品品牌為名；婚紗業以國家名、地名居多；服飾業則以吉祥話，作為命名。不同品牌名稱有其不同原因，例如：

(一) 阿瘦皮鞋：阿瘦皮鞋是因創始者羅水木先生，1952年自南部來臺北打拚，因體型瘦小，所以被客人稱為「阿瘦」，這是「阿瘦皮鞋」店名的由來。

(二) 捷安特：捷安特是「Giant」的音譯，有「巨大」的意思，當時因我國「巨人」少棒隊得到世界少棒冠軍，揚威國際，對中華民國的人來說，有更多的感情意義，而以此作為該品牌名稱。

(三) Louis Vuitton：Louis Vuitton榮獲法國Eugenie皇后指派為唯一的衣箱製作技師，然後就以其名字，發展為該品牌的名稱。

二、品牌名稱的功能：品牌名稱不僅僅是一個簡單的文字符號，也是企業整體的化身，更是企業理念的縮影和體現。它的功能有1.辨別不同品牌的方式；2.傳達品牌主要訊息的媒介；3.智慧財產權的一部分，並在使用相當時日後，可成為販售、授權，甚至抵押的資產。

三、命名步驟：1.組成命名工作小組；2.確認名稱產生方式；3.名稱評估；4.名稱篩選；5.法律諮詢；6.消費者反應測試；7.選出名稱。

四、品牌命名的準則：品牌命名應當符合1.讓消費者能夠理解與認識；2.讓消費者容易看、容易發音（對國內及國外消費者而言）、容易聽懂；3.與企業本身形象互相調和與呼應；4.要簡短，不要太長；5.具有獨特性；6.產生正面的聯想。

五、要避免忌諱：如果在發展品牌之初，就有進軍國際的規劃，則可以用英語為品牌名稱。同時也要注意世界各國、各地區消費者，其歷史文化、風俗習慣、價值觀念的解讀差異。因此對「名字」、「符號」、「標記」，必須有所忌諱。

六、法律保護：再好的名字，如果不能註冊，得不到法律保護，也就無法真正擁有屬於自己的品牌。【新法規】根據2009年經濟部智慧財產局新訂「商標識別性審查基準」，爾後包括「唐太宗」、「莊子」等歷史人物，「花東」、「南陽街」等地名，「福氣啦」、「We are family」等標語，以及「曾記麻糬」、「周氏蝦捲」等姓氏商標，除非申請人能證明消費者，已經非常熟悉該商標，否則都無法註冊。

品牌名稱功能

辨識

品牌名稱功能

智慧財產

傳達訊息

品牌命名步驟

組成命名工作小組

確認名稱產生方式

名稱評估

名稱篩選

法律諮詢

消費者反應測試

選出名稱

品牌命名準則

① 讓消費者易於認識與接受

② 易看、易發音

③ 與使命、形象呼應

④ 簡短

⑤ 具獨特性

⑥ 能產生正面聯想

⑦ 避免忌諱

案例

礦泉水的娃哈哈品牌，設計時即以哈哈笑，為最基本的發音，原音「a」，讀起來順口，心情也有愉快感。

護膚商品及香水高級品的「ALBION」品牌，有古代英國之意，只要一想到古典英國，就會令人聯想到該品牌名稱，所以好記、又易回憶。

知識補充站

孔雀在東方人心目中是美麗的，在法國則是淫婦的別稱；鬱金香是荷蘭的國花，但在法國人的眼裡，卻成了無情無義之物；斯里蘭卡、印度視大象為莊嚴的象徵，在歐洲人的詞彙，大象則是笨拙的同義詞；伊斯蘭教國家禁用豬及類似豬的圖案設計；狗在北非視為不法；阿拉伯人禁用六角星圖；義大利忌用蘭花圖；捷克人將紅三角圖案作為有毒的標誌；法國禁用黑桃，認為黑桃是死人的象徵。

Unit **6-5**
品牌代言人

一、品牌代言人功能

　　主要是利用特定的人物，來推薦產品或品牌。其廣告效果有1.引起消費者的注意；2.使得廣告主的品牌名稱、形象，能迅速成為消費大眾記憶的一部分；3.建立獨特的品牌形象；4.將消費者對代言人的情感，轉移至產品上，產生購買產品或服務的消費行為。

二、代言人類型

　　依據不同代言類型，可略分為四大類：1.名人（Celebrity）：指其成就專業領域與推薦產品之間，無直接相關的公眾知名人物。運用名人來代言，是期望以名人的知名度或個人魅力，引起消費者的注意，並改變對商品的觀感及態度，達到企業的目的。名人代言相當常見，大多數的明星演藝人員代言皆是。2.專家（Expert）：在該代言產品的領域上，具有專業知識與權威，使人相信代言人對產品的背書和認同是出於專業的判斷。3.公司高階經理（CEO）：經理人藉由在企業的地位及權威，且其企業本身便有相當的規模及知名度，可以影響到消費者的注意。4.典型消費者：指一般大眾代言，如請一般對該產品有需求的人代言，該代言人與一般廣告觀眾處於相似的地位，令人感到親切自然，進而採信其說法。

三、挑選代言人的標準

　　代言人的可信度來源因素如下：

　　(一) 吸引力：指消費者認為代言人具有魅力、獨特的個性，及令人喜愛的特質，藉此吸引消費者的注意力，並且對其推薦介紹的產品產生正面的印象。

　　(二) 可信度：這是指消費者認為代言人，是否具備誠實、正直等特性，以及消費者對代言人，所傳達訊息的信任程度。

　　(三) 專業性：指消費者認為代言人，具有論證產品的專家知識程度，包括專業資格、權威感、能力。

　　(四) 知名度：指消費者是否能快速知道代言人，而獲知對該品牌及產品訴求的程度。挑選代言人最重要的不是知名度，而是吻合品牌的個性、定位，以及代言人是否引起目標對象的認同感。此外，代言人的形象、穩定度，以及他是否打從心底認同品牌，也是評估標準。因為他的一言一行，都影響著品牌，所以不可不慎。

四、成功代言人的特質

　　成功的代言人應該具有五大特質：1.值得信任：在目標顧客心中，是誠實、正直、可託付的人。2.有獨特專業：在某領域是公認的專家。3.具個人魅力：有姣好的外表、親切的個性，或是讓人喜愛的風格。4.受到尊敬的：有某些行為或是成就，是目標客群所景仰。5.相似性：和目標顧客有相似的年齡、性別、生活方式。

品牌代言人功能

- 引起注意
- 迅速成為消費者記憶
- 建立獨特品牌形象
- 情感移轉至品牌

代言人類型

名人
專家
CEO
消費者

挑選代言人標準

吸引力
可信度
專業
知名度

成功代言人特質

值得信任	獨特專業	個人魅力	受到尊敬

✎ 案例　阿瘦皮鞋

　　阿瘦皮鞋第一波品牌活化的廣告「You A.S.O Beautiful」系列，找來外型時尚的四大名模擔任代言，用年輕化語言與年輕人對話，顛覆了過去大家對於阿瘦皮鞋老氣的印象，與年輕的消費者產生共鳴。

Unit 6-6
品牌人物

　　一、品牌人物：品牌人物能使品牌，有了更多的宣傳機會。品牌人物可以設計為「實」的，也可以設計成「虛」的。

　　(一)「實」的品牌人物：一想起這些人物，就會想起這個品牌。1.可以是對社會有重大貢獻的員工，就像Chanel後來的設計師卡爾‧拉格菲爾德（Karl Lagerfeld），由於具有源源不斷的新創意，每一季都會推出精彩絕倫的新作，所以備受國際社會矚目。2.可以是品牌企業的領導人，例如，台積電董事長張忠謀、宏達電的王雪紅、微軟的比爾‧蓋茲、海爾的張瑞敏、大陸聯想的柳傳志。

　　(二)「虛」的品牌人物：例如，往昔的「阿三哥」與「大嬸婆」，或近日代表台灣人壽，卡通代言人「台灣阿龍」等。臺灣卡通人物角色，從早期身著披風，頭戴墨西哥草帽，腳套大鞋，露出兩顆大門牙的「乖乖」；戴著大帽、大嘴微笑的「王子麵」；手持橄欖球，頭好壯壯的「大同寶寶」；到近年來凱蒂貓、QOO、皮卡丘、哆啦A夢等，都是「虛」的成功代表。

　　二、品牌人物設計策略：1.製造新聞；2.公眾演講；3.參與各類評選成為行業領袖；4.出書等。如果品牌人物具誠信、社會推崇等優良特質（如大陸的雷鋒），對於品牌的推動，自然更具加分的作用。

　　三、品牌人物與品牌代言人的差異：品牌人物與品牌代言人，對於品牌推廣都有助益，但兩者之間，還是有差異的。品牌代言人基本上是刻意找來的，而品牌人物是相對較為自然的方式形成。

案例

　　「張君雅小妹妹，張君雅小妹妹，妳家的泡麵已經煮好 ……」，原本只是維力的廣告，沒想到這個連一句臺詞，也沒有的臨時演員，卻紅遍了大街小巷，成為一個還沒上市，就擁有品牌知名度的熱門人物。

　　四、更換代言人的時機：名氣大，不代表就一定好，尤其是對於某些中小企業來說，當代言人是萬眾矚目的寵兒，品牌形象及產品價值，可能會被他奪目的明星光環掩蓋；加上當紅的代言人，可能是多個產品的代言，容易降低其說法的可信度。若代言人如出現不適任的情況、新一代產品推出需要營造新形象、進行新的階段性任務（如品牌年輕化），以及消費者反應代言人過氣等時機，可重新尋找適合的代言人。國產製藥廠五洲出品的「斯斯」，為爭取本土中低階層的消費者，該品牌由原先訴求本土的代言人豬哥亮、謝金燕，當產品地位明顯提升，為擴大市場占有率，後來則由五燈獎主持人廖偉凡，再到最近的英文老師徐薇，來擔任代言人。

品牌人物

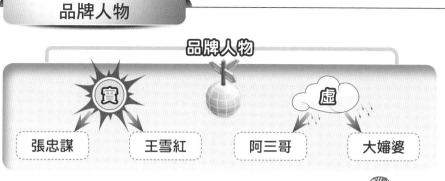

品牌人物

實		虛	
張忠謀	王雪紅	阿三哥	大嬸婆

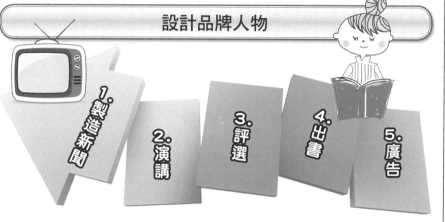

設計品牌人物

1. 製造新聞
2. 演講
3. 評選
4. 出書
5. 廣告

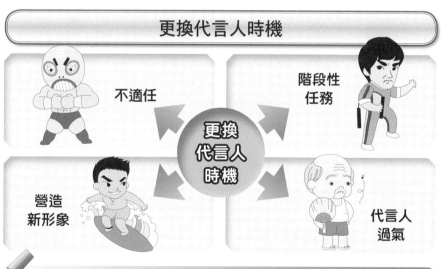

更換代言人時機

不適任　　階段性任務

更換代言人時機

營造新形象　　代言人過氣

案例 台啤

　　過去台啤強調本土意識，所以找代表台客的伍佰，來擔任代言人，反應良好；後來又轉為訴求女性市場，希望能吸引在Pub中的女性消費者，所以找上Pub出身的阿妹，作為新代言人。

Unit **6-7** 品牌招牌設計

招牌是品牌視覺系統之一，因此招牌必須符合整體品牌的理念與特色。一般來說，廣告招牌不僅傳達企業理念，同時也建構一明確的搜尋系統。

一、廣告招牌重要性

企業對外宣傳企業品牌形象及商品，與獲得消費者的注視與青睞，需要藉由一個外觀招牌，與消費者進行第一類接觸。以新開幕的店家來說，因為招牌來客比約69.5%、網路來客比約20.1%、介紹來客約10.4%。已有知名度的店家，因為招牌來客比約35.6%、網路來客比約30%、介紹來客比約34.4%。招牌對老店或新開幕的店，既然如此重要，那麼廣告招牌的外觀設計，就不能因字體太小，而看不到內容。

二、設計招牌

創意、表現技法與編排，三者是設計招牌的重大支柱。招牌平面設計的創意與表現技法，就如同人的形貌，容易引人注意、吸引他人的目光。藉由創意、表現技法與編排三者巧妙的配合，才得以發揮招牌設計的功能。

三、設計招牌形式

廣告招牌的形式很多，包括旗幟、匾額、布幕、霓虹燈等；使用的材質，也有許多如壓克力、塑膠帆布、木質、金屬等材質。且基於設置的方式，也有吊掛式、壁面式、遮陽棚式、懸垂幕式、樹立式等差別。

四、實際招牌的差異

(一) 臺北

東區多以「外文字體」呈現，西門町以「楷書體」呈現為主。字體色彩與底色色彩搭配上，兩區皆以「紅底白字」為最多。招牌形式方面，兩區均以「長方條形」呈現為主。

(二) 臺中

臺中市太陽餅街、婚紗街、服飾街招牌，所呈現的字體造型，太陽餅業多是楷書體，婚紗業為明體字，服飾街則為楷書體。色彩的部分，太陽餅業以黃底紅字最多、婚紗業為黑底白字、服飾業為紅底白字最多。統計招牌設置形式發現：太陽餅業的柱面式招牌設置高達90%，服飾業占11%為最低，懸垂幕式布條則多出現於婚紗業。

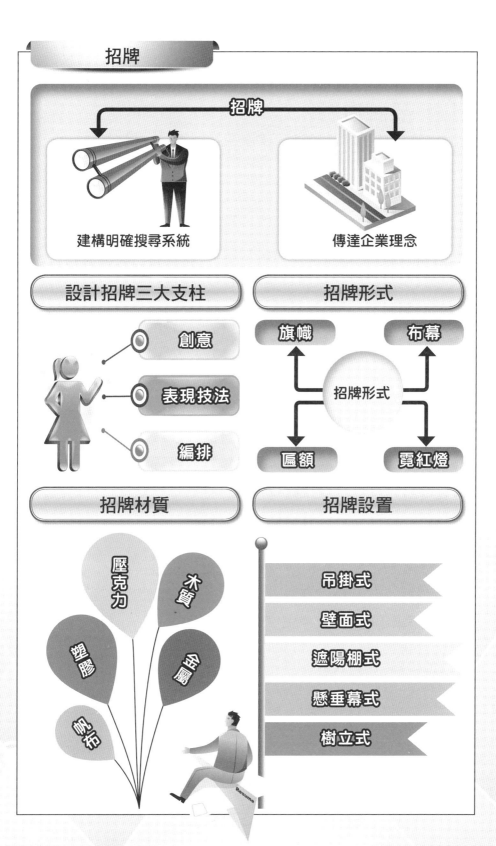

招牌

招牌

建構明確搜尋系統

傳達企業理念

設計招牌三大支柱

創意

表現技法

編排

招牌形式

旗幟

布幕

招牌形式

匾額

霓紅燈

招牌材質

壓克力

木質

塑膠

金屬

帆布

招牌設置

吊掛式

壁面式

遮陽棚式

懸垂幕式

樹立式

Unit **6-8**
品牌口號

　　品牌口號也是辨識系統的一環，做的好，對企業有畫龍點睛的作用。因此必須先抓住本企業的特色與個性，以及對消費者可以帶來什麼好處，這樣所提出來的標語，才有「點睛」的作用。否則口號歸口號，意義不大。

一、品牌口號功能

　　1.能夠突顯品牌的特色與個性，強化品牌形象。2.加深顧客對公司的印象；3.凝聚內部員工的共識，提醒員工的表現；4.塑造企業文化。

二、品牌口號設計原則

　　好的Slogan用字，通常都是很精簡有力。因此，在設計品牌口號或標語時，1.要短；2.要簡單；3.要清楚；4.一聽就懂；5.易記易說。

三、明確指出品牌特色

　　華碩以「華碩品質，堅若磐石」口號，來行銷品牌，成功的將原本的製造優勢，轉化為品牌優勢。

案例

　　京都念慈菴→「天然的最好！」；保利達 B→「福氣啦！」；台啤→「青的最好！」；中國信託→「We are family!」（我們都是一家人）；NOKIA→「科技始終來自於人性」；Johnnie walker→「Keep walking」。

四、押韻或順口溜

　　假若標語長一點，就可以用押韻的方式，如品客洋芋片「品客一口口，片刻不離手」的宣傳語。類似大陸的順口溜，讓人人都能夠琅琅上口，如此就能突顯品牌的特徵，強化品牌的形象，讓品牌深入消費者的心中。

五、口號能否深入人心，經久難忘

　　這個問題不是單純口號可以解決的，而是對外部廣告強調這個口號的同時，必須對內，也進行相對的教育，好讓內部人員可時時刻刻想到這個標語。因此所設計生產出來的產品，或提供的服務，相對就能真正達到高品質的水準。

品牌口號功能

突顯品牌特色與個性

品牌口號功能

加深顧客對公司的印象

凝聚員工共識

塑造企業文化

品牌口號設計原則

品牌口號設計原則

- 要短
- 要簡單
- 要清楚
- 一聽就懂
- 易記易說

口號明確指出品牌特色

口號明確指出品牌特色

保利達B	▶	福氣啦
中國信託	▶	We are family.
台啤	▶	青的最好
阿瘦	▶	You Are So beautiful.

負面案例 屈臣氏 & 高鐵

屈臣氏「保證最便宜」的口號，因而與消費者發生多次的糾紛。目前口號已改為「買貴退2倍差價」。

━━━━━━━━━━━━━━━━━━━━━━━━━━━━━━

高鐵曾有個溫馨的廣告，有一位阿嬤忘了東西，高鐵的服務人員，主動協助幫忙，讓她的家人及時拿到，阿嬤所送的溫暖，讓人「足甘心」！結果有人真的出現這樣的問題，卻發現根本就沒有這個服務。這就會讓人覺得這個口號或廣告，根本就是假的，那這個口號或廣告，比沒有更傷害品牌形象！

Unit 6-9
品牌短歌

有時說的比唱的有用，因此用心打造品牌歌曲，對提升品牌形象，有極大的助益。

透過品牌歌曲，使品牌能深入人心，以加深社會記憶與偏好。若能讓歌曲紅遍大街小巷，家喻戶曉，以達到即使未看到品牌，只要想起歌曲，就能想起品牌的優點特色。這樣的品牌歌曲，就算是成功了！

一、**品牌短歌功能**：品牌歌曲因為要付廣告費貴，所以必須在很短的時間內，傳達出品牌的特色。其功能 (一) 對消費者：1.增加親和力；2.強化個性；3.引發共鳴；4.塑造商品正面形象；5.增強購買動機。(二) 對通路：1.加深印象、突顯重點；2.具長期支撐品牌；3.增強通路販售動機；(三) 對企業經營：1.增強廣告衝擊力；2.企業轉型。

二、**品牌短歌的類型**：1.活潑型；2.魅力型；3.溫馨型；4.時尚型；5.個性型。

當實在無法有自己的品牌短歌時，在宣傳本品牌時，最好能與背景的廣告音樂歌曲一致，如此才能提升品牌的記憶。

案例

在沒有大賣場、選擇少的年代，白蘭宛如是洗衣粉的唯一品牌。那時該品牌的著名短歌：「白蘭白蘭朵朵香，青春青春處處藏，哪有那花香無人愛，哪有那青春是久長」，大家琅琅上口，因此造就該品牌輝煌數十年。

國內具歷史的品牌企業，大都有品牌短歌，而且短歌還可以使品牌年輕化。例如，黑松品牌把張雨生的「我的未來不是夢」，當成廣告歌，成功年輕化黑松飲料公司。

老牌廣告歌如大同公司的廣告歌「大同、大同國貨好，大同產品最可靠。」；「小美冰淇淋、小美冰淇淋……」；民國53年新萬仁化學製藥公司，推出綠油精的廣告歌「綠油精、綠油精、爸爸愛用綠油精……」；阿瘦皮鞋的「You Are So beautiful」，都讓人印象深刻。

三、**設計短歌的原則**：製作品牌短歌，主要是運用心理學的制約反應，來增強重複消費。在設計時，歌曲的設計重點：1.在於「短」；2.「重複」；3.旋律輕快；4.曲調簡單；5.歌詞易記、要活且口語化；6.設計短歌之後，要將聲音商標註冊，以取得法律的保護權。

品牌短歌

品牌短歌

對消費者
- ①增強購買動機
- ②引發共鳴
- ③塑造商品正面形象
- ④創造流行
- ⑤突顯重點、加深印象

對通路
- ①強化品牌個性
- ②增強親和力
- ③增強通路販售動機

對營運
- ①提高廣告衝擊力
- ②資金借貸
- ③企業轉型

短歌設計原則

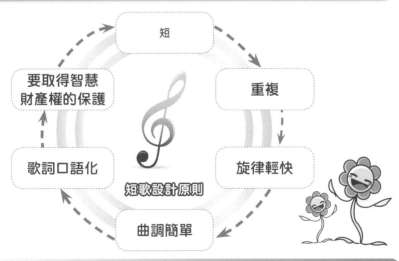

短
→ 重複
→ 旋律輕快
→ 曲調簡單
→ 歌詞口語化
→ 要取得智慧財產權的保護

短歌設計原則

案例 台灣人壽

「希望每天都是星期天,無憂無慮快樂去聊天,希望每天都是星期天,無憂無慮危險都不見!為你為你得第一,台灣人壽,第一第一打拼,得第一,為你為你得第一,台灣人壽,第一第一打拼,得第一」。

Unit **6-10**
品牌故事

品牌故事要能創造出引人入勝、印象深刻的品牌故事，而一個好的品牌故事，能夠幫助品牌建立無法撼動的歷史地位。

任何一個品牌的崛起，事實上，都充滿曲折的奮鬥過程。透過各品牌的創業故事，可以更深入該品牌的市場定位、市場區隔、歷史背景、發展沿革、品牌特色。品牌若能多用一些故事行銷，就可以在廣告上省一點力！

一、品牌故事的重要性

(一) 對消費者而言：真實的傳奇故事，會賦予品牌生命。人們所購買的，往往不只是商品，而是一種他們嚮往的生活方式。品牌故事屬文化的、抽象性的認同與嚮往，具有深沉的消費吸引力。

(二) 對通路而言：品牌的故事、理念，可以幫助通路，在介紹闡述商品的過程中，有更多的切入點來帶出產品的專業、功能及品質。例如：85度C創辦人吳政學先生，來自雲林貧農家庭，僅有國中補校的學歷，不但開過美髮店、也賣過珍奶，如今在全球總店數達800家之多，成為媒體爭相採訪的對象。

(三) 對企業文化而言：品牌故事能對員工產生激勵的效果，可維護企業品牌的形象。

二、品牌故事基本要求

品牌故事首重找出「目標顧客群」，其次，品牌故事必然要突顯品牌的特色、特質（讓消費者認識品牌），而此特色與特質，又必須能扣住目標客戶群的心弦，激起消費者共鳴（認同品牌）。

三、品牌故事重心

在整理歸納品牌故事時，不要太複雜，重點在於突顯品牌精神的細節。其重心主要在於六方面：1.所在地域或國家特質，對品牌創立的影響；2.創業歷史；3.品牌經營理念；4.品牌意義延伸；5.社會文化風潮；6.企業在困境中的奮鬥與抉擇（所堅持的價值）。

譬如，這個品牌一開始創業的過程，是如何地艱辛，創辦人又是如何堅持，最後如何讓品牌誕生等正面價值。

四、品牌故事的關鍵

品牌故事有三大重心，一是情節、二是人物角色、三是美學。有情節才有高潮，其中人物角色是行動的主角，美學則是修辭方式，將文字、影像、聲音、圖片等加以組合，形成故事風格。

五、品牌故事的「三不」忌諱

「三不」忌諱是不能杜撰、不能吹噓或捏造、更不能違反誠實倫理。否則一旦被消費者發現是假的，對於企業形象及後續發展，將有百害，而不見得有利可圖。

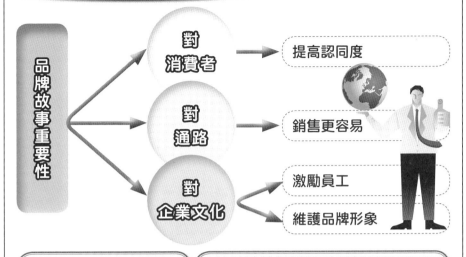

品牌故事重要性

品牌故事重要性

- 對消費者 → 提高認同度
- 對通路 → 銷售更容易
- 對企業文化 → 激勵員工 / 維護品牌形象

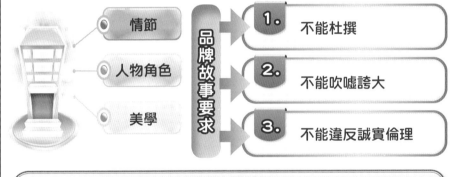

品牌故事關鍵

- 情節
- 人物角色
- 美學

品牌故事要求

品牌故事要求

1. 不能杜撰
2. 不能吹噓誇大
3. 不能違反誠實倫理

品牌故事重心

- 國家對品牌創立影響
- 創業歷史
- 品牌經營理念
- 品牌意義延伸
- 社會文化風潮
- 企業在困境中的奮鬥與抉擇

品牌故事的時代影響

很多人認為只要有品牌，就可以在市場大賣，其實這是過時的觀念！尤其在金融海嘯、全球疫情之後，需求大幅萎縮。商品要能賣，要達到「真情恆久遠，品牌永流傳」的效果，它的設計規劃、背後故事等，都要能打動消費者的心，與消費者產生感情上的連結，如此才能使品牌長久。

Unit 6-11
真實的品牌故事

一個品牌故事能夠讓人有共鳴，必須注意要能「展現核心價值」，為產品提供多元的價值，進而讓品牌與讀者產生互動，使其產生參與感，以加深品牌印象。

(一) LV：這堪稱是名牌奢華的領導者，一舉一動都左右時尚風潮。創該品牌的設計人原是捆工學徒（Louis Vuitton），他專門替貴族王室，捆紮運送長途旅行的行李。後來他發明一種方便疊放的長方、防水皮箱。雖經歷鐵達尼號的沉船意外，但撈起來之後，居然發現LV品牌的皮箱，竟然滴水未進，其耐用程度，頓時舉世聞名。

(二) 香奈兒（Chanel）：香奈兒女士早年在孤兒院成長，歷經過人間的坎坷。1910年有人送她「COCO」的綽號，後來就以此作為她創立公司的品牌重要識別。COCO香奈兒女士自西敏公爵的衣櫃中，發現「男裝女穿」也很有特色，因而發展出香奈兒（Chanel）甜美、優雅的品牌設計風格。

(三) Celine：以法式優雅融合美式休閒，樹立風格的Celine品牌，其成功看準二次大戰後的嬰兒潮商機，因此從1945年開始，發展舒適獨特的高級童鞋，因為熱賣而逐漸擴展產品線，最後發展成為服裝品牌的時尚先驅。

(四) GUCCI：1898年，一位名叫Guccio Gucci的熱血青年，從義大利前往英國倫敦，去實現自己的理想。他在倫敦的一家旅館，找到一份工作。在這段時間裡，由於接觸許多社會菁英名流，因此，培養出高尚的品味。後來回到家鄉後，開始將時尚風格，結合在皮件的製品上。累代的經營，時至今日已發展成全球家飾品、寵物用品、絲巾、領帶、女裝，甚至手錶的時尚領導者。

(五) HERMES：貴婦最夢幻頂級的愛馬仕（Hermes）包包，該品牌創立於160多年前，當時Thierry Hermes開創馬具製造公司，深受皇宮貴族的喜愛，後來因流行汽車而不太需要馬車，因此愛馬仕從馬具改作皮件，並將商品延伸到各種提袋、手套、皮帶、珠寶、筆記本，以及手錶、煙灰缸、絲巾等，成功建立了愛馬仕集團王國。在2008年全球金融風暴，該品牌仍逆勢成長8.6%（總營業額超過750億元臺幣），其中愛馬仕的柏金包、凱莉包，價格相當於一輛車子。

(六) 洋芋片：1853年，一位名叫George Crum的廚師，因屢被食客抱怨馬鈴薯切得太厚，一氣之下，將它切得很薄很薄。烤過之後，馬鈴薯不再是軟軟的，反而變得又香又脆，大受顧客歡迎；美國零食之王「洋芋片」，就這樣誕生了。

(七) 丹尼斯百貨：河南丹尼斯百貨董事長王任生，1948年隨人潮穿越國共交戰的淮海戰區，倉促離開大陸！為了彌補遺憾，後來回家鄉投資，開創了河南最大的連鎖百貨公司。2000年12月25日百貨公司大火，死亡309人。慘案發生後，他強調傾家蕩產也要賠！該公司在危機時，所表現負責任的品牌精神，已深入當地政府與社會大眾的心中。

真實的品牌故事

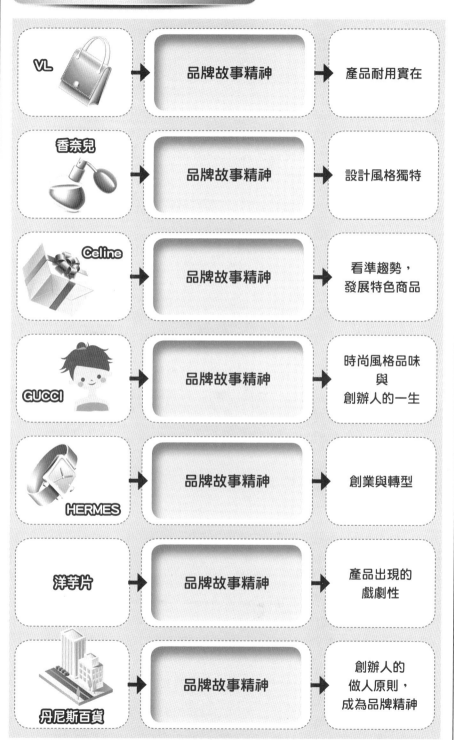

VL	品牌故事精神	產品耐用實在
香奈兒	品牌故事精神	設計風格獨特
Celine	品牌故事精神	看準趨勢，發展特色商品
GUCCI	品牌故事精神	時尚風格品味與創辦人的一生
HERMES	品牌故事精神	創業與轉型
洋芋片	品牌故事精神	產品出現的戲劇性
丹尼斯百貨	品牌故事精神	創辦人的做人原則，成為品牌精神

Unit **6-12**
品牌網站

　　品牌專業網站所提供的訊息，最大的優勢，在於交互性、即時性。對品牌來說，網站具有天涯若比鄰的效果，能進行全球消費者串聯，可轉化為最終的訂單。

　　一、網路識別（**Web Identity**）：狹義→透過網站的元素與設計，將企業追求的理念與價值，加以整合呈現；廣義→統合所有照片、圖像，以及網頁呈現出的整體印象，傳達企業品牌價值與理念識別感。

　　二、品牌網站設計的精神：網站設計，並非只是遵循網站建置企劃書的概念，及設計規範來作業而已，還包括去瞭解客戶的要求、目標客群的需求；重要的是，要讓消費者一看，就了解網站的精髓。

　　三、網站視覺設計的流程：設定概念 → 提出創意 → 決定表現風格 → 繪製草稿。

　　四、品牌網站設計的原則：在電子商務網路的虛擬世界中，人潮是創造錢潮的必備條件。因此以增加網站瀏覽速度，提高搜尋排名為主要考量。

　　五、網站風格：網站風格一般可分成時尚類、科技類、古典類、年輕類、休閒類、活潑類等幾大類。

　　1.時尚類：適用於「精品、時尚、飯店旅館、服飾、婚紗等產業」。

　　2.科技類：適用於「高科技、機械、電子、多媒體等產業」。

　　3.古典類：適用於文創產業。

　　4.年輕類：主要客群為年輕族群的企業，可使用大量幾何圖形，構成鮮明活潑的版面，顏色使用多元化。

　　5.休閒類：適用於「休閒農場、觀光景點、戶外餐廳等企業」。

　　6.活潑類：適用於「主題樂園、童裝、學校等客群，以幼童或年輕人為主的企業」。

　　六、網站溝通特色：網站溝通的特色，有理性訴求、感性訴求及綜合型。1.強調理性訴求的網站，以事實為依據，著力點在產品或技術的視覺衝擊力、吸引力。2.強調感性訴求的網站，應營造特有的企業氛圍，以消除企業與顧客在時間與空間上的距離，建立客戶忠誠度，增加客戶價值。3.綜合型則是針對不同類型的顧客，分別進行理性和感性的訴求。

　　七、增強網站互動性：緊抓用戶的需求，留住他們的「眼球」，滿足用戶體驗，以增強網站互動性。其方法有1.推出線上互動e-DM；2.活動、訊息公告；3.電子報行銷；4.活動舉辦；5.優惠券下載；6.購物車、金流；7.討論區集結話題；8.會員經營管理。

　　八、建構網站知名度：有技巧的讓網站登錄在搜尋引擎，積極參與各種網路評選，與政府合作，友站交換連結等資源互惠的方式，都可增加曝光度、知名度。

網站視覺設計流程

① 設定概念 ➡ ② 提出創意 ➡ ③ 決定風格 ➡ ④ 繪草稿

品牌網站設計原則

① 與品牌精神搭配
② 保證內容與品質
③ 容易閱讀
④ 使用便利
⑤ 網站動線明確

網站風格

時尚類
科技類　古典類　年輕類
休閒類　活潑類

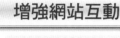

增強網站互動

推出e-DM

會員經營管理　　　　　　活動訊息公告

討論區集結話題　← 增強網站互動 →　電子報行銷

購物車、金流　　　　　　活動舉辦

優惠券下載

知識補充站

品牌網站設計的原則
1.網站屬整體識別系統的一環,因此必須與品牌精神搭配。
2.保證內容的品質與價值,提升企業的知名度。
3.容易閱讀,使消費者加深對品牌的印象。
4.網站要使用便利,有魅力,才比較不會退流行!
5.網站動線明確。

第 **7** 章

行銷品牌

 章節體系架構 ▼

Unit **7-1**
品牌行銷 ≠ 行銷品牌

一、品牌行銷 ≠ 行銷品牌

(一) 品牌行銷：「品牌」是行銷之根，沒有品牌的行銷，就是「無根的行銷」。當消費者對品牌、對企業、對產品產生信賴感，就會有忠誠度和重複購買意願。

(二) 行銷品牌：運用行銷的策略與手段，達推廣品牌的目的，就是行銷品牌。當品牌剛剛誕生之際，品牌不但無力行銷，反而需要被行銷。

二、行銷順序：行銷品牌→品牌行銷

當品牌知名度越來越強，品牌本身的價值，已被消費者肯定。此時，品牌本身，就開始具有行銷的能量。從行銷品牌到品牌行銷，有一段很長的路要走，關鍵在於是否能獲得消費者的信任。

三、行銷品牌方式

行銷的手段與各種工具的搭配，需要以品牌的承諾、品牌的核心精神為主軸，才不會行銷歸行銷，品牌歸品牌。

四、熱門行銷策略

已經被廣泛運用的熱門行銷策略，包括架設官網、做電子商務、購買關鍵字、建部落格、設立臉書粉絲團、搞偶像劇置入、辦週年慶、送公仔、買千送百、發貴賓卡等。

五、行銷品牌策略目標

就短期而言，應以「品牌態度」、「品牌知名度」為最核心。就中期目標而言，行銷品牌應注重「品牌認同」與「品牌支持」的目標。就長期目標而論，行銷品牌應側重「品牌權益」的建立。除此之外，其他目標還可包括「品牌形象」、「品牌信賴度」與「獨特品牌」等。

從國際大企業行銷品牌發展史來看，短中期以打響品牌知名度，站穩腳步為主。中長程則由本土出發，朝國際性品牌的目標發展。

六、「品牌綁架」（Brand Hijack）

指的是品牌意義的塑造，允許消費者（和其他利害關係人）插手，同時幫忙把品牌推薦給其他人。被「綁架」的議題最好是正面的，是消費者以口碑，來宣傳品牌的內涵與價值。負面議題的「綁架」，只要誠實以對，有錯則勇敢改之，並向消費者真誠道歉、認錯，反而會贏得勇於負責的品牌形象。千萬不要用違反企業倫理的方式，來塑造形象，否則被發現後，將得不償失。

行銷品牌方式

魅力行銷　網站行銷　體驗行銷

創意行銷　公益行銷　關懷行銷　藝術行銷

行銷品牌目標

短期	品牌態度 品牌知名度
中期	品牌認同 品牌支持
長期	品牌權益

熱門行銷策略

品牌網站　電子商務　發貴賓卡　購買關鍵字　週年慶　臉書粉絲團　偶像劇置入

知識補充站

行銷品牌的方式

行銷品牌的方式種類繁多，例如，魅力行銷、活動行銷、網站行銷、服務行銷、體驗行銷、創意行銷、代言人行銷、移動行銷、運動競賽行銷、公益行銷、關懷行銷、科技行銷、活動行銷、藝術行銷、時尚行銷等。不代表一個企業，只能選擇一種行銷模式。

Unit **7-2** 網路行銷

網路的興起，對中小企業而言，是品牌經營的利器，也是許多品牌經營成功的原因。虛擬的網路戰場，近年來已成為品牌兵家競爭之地。

一、網路行銷特色：成本低廉；全年無休的經營；突破時空限制，跨國界經營；可減少銷售代表、節省通路開支；同時可進行B2B、B2C的交易。

二、網路行銷效果：1.品牌網站可定期提供產業、公司內部最新資訊、產品目錄，並藉由網路社群的討論激辯，將產品優點自然彰顯，增加品牌曝光度，並透過消費者間的資訊交流，達到免費廣告效果，增加消費者對品牌的信任感。2.品牌價值：建立公司專有的客戶資料庫，成為網路時代品牌價值來源。3.老字號的實體商品，可透過網路，重新拓展商機、展現活力。

三、建立網路品牌方式：依據網路特性，將品牌個性呈現於網頁設計上；依據品牌策略，選擇適當的內容網站，進行廣告宣傳或贊助；建構企業內部網站資料庫，將品牌行銷知識有效管理，包括相關規範與名詞解釋，並提供員工自我訓練的機會；提供往來的主力顧客，一個與企業雙向交流的網站；開闢使用者園地，利用網路公關主動發布企業訊息，並快速處理顧客抱怨問題；透過電子郵件主動傳布與商品有關或有趣的訊息，以吸引顧客主動拜訪網站。

四、實體公司主要的網路行銷模式，主要在於「行銷網路化」，即是從先前的電話行銷營運模式，轉變成網路行銷網路化。消費者可直接透過網路互動，企業可減少電話行銷人力。

五、網路行銷的方法：關鍵字廣告是小兵立大功的商業模式，因為關鍵字可增強網路廣告曝光的機會，以及產品被瀏覽與點選，同時關鍵字廣告費用又低，因此對於品牌的推廣，是一種不錯的方式。此外，還有搜尋引擎行銷、顯示廣告行銷、電子信件行銷、會員行銷、互動式行銷、部落格行銷、與病毒式行銷等。

六、網路交易類型：有線上交易、線上服務、線上購物、線上訂購等。

七、網站風格：風格（Style）是抽象的，是指網站的整體形象，給瀏覽者的綜合感受。網站基本有四大類的風格，即溫文儒雅、執著熱情、活潑易變、放任不羈。網站的外表、內容、文字、交流，可概括一個網站的個性與情緒。

八、品牌網站策略架構：品牌網站不是孤軍奮戰，而是可以透過網路平臺間的相互連結，讓品牌網站、網路購物平臺、部落格平臺、社群平臺，形成蜘蛛網狀的網站策略架構相互支援。

網路行銷特色

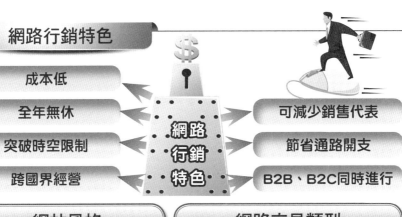

成本低

全年無休

突破時空限制

跨國界經營

網路行銷特色

可減少銷售代表

節省通路開支

B2B、B2C同時進行

網站風格

溫文儒雅　執著熱情

網站風格

活潑易變　放任不羈

網路交易類型

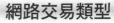

線上交易

線上服務

線上購物

線上訂購

143

網站行銷方法

搜尋引擎 行銷

顯示廣告 行銷

電子信件 行銷

會員行銷

互動式 行銷

部落格 行銷

病毒式 行銷

知識
補充站

網路交易類型

1. 線上交易：透過網路系統於線上直接交易與下單的
   行為，並利用線上查詢服務，或透過電子郵件的功
   能，做交易進行的確認，如線上拍賣的交易。

2. 線上服務：在網路上直接提供使用者服務，對於使
   用者所要求的資訊或技術，於網路上直接提供，進
   行遠端服務，如電子書或電腦軟體。

3. 線上購物：這是將傳統的郵購改為網路，在網頁上
   提供相關電子型錄與線上購物系統，讓消費者在訂
   購商品後，再透過不同的物流方式交貨。

4. 線上訂購：在線上提供消費性服務訂購。

Unit **7-3**
媒體行銷的優勢與步驟

　　品牌剛剛誕生之際，媒體行銷是手段，推廣品牌是目的。而媒體曝光對於品牌知名度的建立，是很有用的。

　　一、媒體行銷的優點：媒體行銷會替品牌，帶來有形效益與無形效益。

　　有形效益→增加產品銷售、增加獲利、提高市占率；無形效益→企業形象、品牌知名度、社會口碑與認同增加，無形服務的推廣，以及內部士氣的增加。

　　二、媒體行銷考量：主要考量的是哪一種媒體平臺，使品牌滲透力與影響力最大。其基本的參考指標，像收視率、收聽率或是網頁點選率等，都可以作為參考指標。

　　三、媒體行銷的企劃步驟：先蒐集背景資料，進而訂定媒體目標，考量目標視聽眾，決定媒體策略，編製媒體預算，安排媒體參訪行程，具體實踐與備案，以及績效評估。

　　四、媒體行銷應注意的項目：預算額度編列、媒體議價、專案規劃、新聞議題設計、異業聯盟、置入式行銷、新聞發稿、活動設計、活動贈品製作等。

　　五、常見的網路行銷方式：網路行銷是最具效力，且低成本的行銷利器。

　　(一) 網路：Yahoo！全球每個月直接接觸到的使用者，有5億人之多，因此，推動品牌絕對不能忽略網路。在網路中，架設網站、製作網頁、發行電子報、運用留言板、討論區、聊天室，以進行網路社群經營、網路諮詢服務等。

　　(二) 社群媒體行銷：社群媒體就是透過社會互動，以達到傳播目的的媒體。目前社群媒體爆紅，從Facebook到Plurk，動輒吸引百萬粉絲。大家耳熟能詳的社群媒體，包括無名小站、痞客邦、Facebook、Twitter等。社群媒體行銷的特性，是多面向的對話，使用者的參與及使用者間的對話，及產出內容。如何讓他們為品牌發聲，已成為品牌經營的奇兵。通常的做法是：1.先建置產品的官方部落格或網站，再透過幾個部落格寫手，在多個熱門的部落格網站（如無名、Faceook等）發表PO文，讓該產品在消費者間形成討論，進而連結到產品官方部落格或網站。2.輔以贈品或抽獎活動，以帶動點選率，此舉，能為官方部落格/網站，帶來更多的造訪者。

　　(三) 「移動終端」行銷：結合網路與手機，以「移動終端」作為行銷工具，有越來越重要的趨勢。在沒有Facebook的大陸，擁有5億用戶的新浪微博，與擁有3億用戶的騰訊微信，成為大陸民眾的重要溝通管道。臺商包括一茶一坐、曼都、寶島眼鏡、多樣屋、台北純K等，都藉「移動終端」的網路社交媒介，來打入大陸市場。

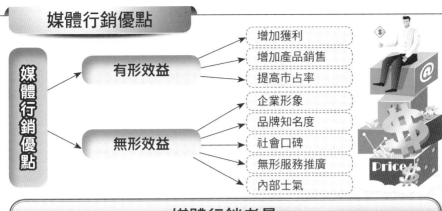

媒體行銷優點

媒體行銷優點

有形效益
- 增加獲利
- 增加產品銷售
- 提高市占率

無形效益
- 企業形象
- 品牌知名度
- 社會口碑
- 無形服務推廣
- 內部士氣

媒體行銷考量

收視率

收聽率

網頁點選率

媒體行銷企劃步驟

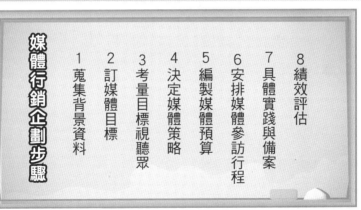

媒體行銷企劃步驟

1 蒐集背景資料
2 訂媒體目標
3 考量目標視聽眾
4 決定媒體策略
5 編製媒體預算
6 安排媒體參訪行程
7 具體實踐與備案
8 績效評估

✏ 案例 寶島眼鏡

　　寶島眼鏡於2012年開始經營微博，主要是發布教育關懷訊息，包括隱形眼鏡正確使用方式、近視症狀、流行趨勢等；還有「寶島小學堂」，為粉絲解決眼鏡的疑難雜症。

Unit **7-4**
媒體行銷方式

在購買之前，如何透過各種行銷方式，爭取消費者信任，是成敗關鍵！

一、報紙雜誌：運用媒體進行品牌專業的深度認識，其具體作法包括：向媒體投稿或投書、專題專欄、座談或專訪，在國際媒體、專業報章雜誌登廣告等。

若能定期集合不同素材及主題，透過展覽、觀賞、演講，甚至是研討會的方式，經由報紙與雜誌的行銷管道，讓消費者交流並產生共鳴，即可有效創造話題，以提升企業的品牌形象，如此將有利於品牌發展和商業利益。

二、廣播：製作廣播廣告前應思考的問題，即1.決定播出的語言方式？2.決定商品定位？3.決定商品特性？4.決定播出的時段？5.決定收聽情境。6.決定音效/音樂。7.整體修飾。

三、電視：電視在家庭生活中，已成為不可或缺的一環。特別是廣告曝光度高，與消費者接觸度密集，其效果甚大，是各品牌兵家必爭之地！

「台灣阿龍」的電視廣告，就曾讓台灣人壽的名氣大增、保單大賣！行銷方式如廣告、專訪、或購物台，類似面對面的促銷等。

四、專業雜誌與書籍：在行銷的領域，很少是透過專業書籍來行銷，因為這樣的速度太慢！但是就長期來說，其功效也不容忽視！若能透過專家在專業雜誌與書籍，發言與推薦，提供品牌知識的同時，對某品牌作更深入的介紹，藉以提升品牌的知名度，與消費者的認知，必然有助於品牌的推廣。

五、行銷活動：行銷活動是因時、因地制宜。設計海報、單張、廣告、參與媒體活動，或置入式行銷等，這些都可能達到行銷的效果。

此外，在人潮出入頻繁的電梯張貼廣告，就有可能使人在等候電梯的無聊時間，成為廣告的商機。

六、捷運媒體：捷運在大都會地區，已成為數百萬人的主要交通工具。捷運媒體可以全年無休、一日18小時，讓品牌曝光，成為消費者生活的一部分。所以在捷運站或捷運車廂的廣告，若能造成轟動與討論，對品牌形象助益極大！

七、人潮處：人潮越多，效益越大。例如南北必經的高速公路、車站、機場、港口等人潮處的廣場或大樓，租下大樓牆面，或以巨型看板廣告。

媒體行銷方式

專業雜誌
與書籍

電視

廣播

人潮處看板

報紙雜誌

捷運媒體

行銷活動

147

廣播前應思考的議題

1 決定播出的語言
2 決定商品定位
3 決定商品特性
4 決定播出時段
5 決定收聽情境
6 決定音效／音樂
7 整體修飾

信任

消費者
購買

品牌
爭取信任

案例 NIKE

　　NIKE租下紐約時代廣場巨型電子廣告看板（內容不斷更新），看板上的球鞋，會在不同時間換上不同樣式。每到中午12點、下午1點、3點和5點，球鞋都不一樣，路過行人只要看到廣告上的產品，是自己喜愛的樣式，就可以立刻用手機，撥打免費電話號碼，當下用手機設計一雙專屬NIKE鞋，還可以變化鞋帶、顏色。隨後，消費者會收到一則手機簡訊，其中有一個手機桌布，讓你看看自己剛剛設計完的專屬NIKE鞋，到底搭配起來是什麼模樣。

Unit 7-5
商業廣告

任何行銷或商業廣告，都要以滿足人性，為首要考量。

一、商業廣告的意義：廣告為企業主以付費的方式，以多元的管道，來對大眾、或是目標客層進行溝通，以期待達到預期的目的→激發消費動機。

二、廣告的方式：1.平面廣告→報紙、雜誌、海報、月曆、郵件廣告；2.電視廣告；3.戶外廣告；4.網路廣告；5.以專家或品牌人物出席，接受節目採訪、發表新聞評論；6.參與 call-in或 call-out的談話性電視節目；7.透過擔任電視新聞性節目，或綜藝性節目的製作。

三、廣告文稿設計：文稿的設計，應讓消費者輕鬆閱讀、易於了解。此外，文稿內容除了要有創意之外，還必須滿足其他九項要求：正確、具體、簡潔、清晰、協調、特色、優雅、誠實、完整。

品牌廣告的表現方式，可歸納為十大類：

表現形式	內容
問題解決式	藉其商品功能，成功的解決問題或得到意想不到的滿足。
生活形態型	這類的表現著重於使人覺得商品是生活中的一部分，暗示他與消費者的密切關係。
故事型	將商品用戲劇化的方式呈現。
名人推薦式	為一種轉移作用，以名人的知名度提高商品的知名度。
實證型	以驗證的方式呈現產品的優點。
廣告歌曲型	以音樂、歌曲或片尾音樂作表現。
比較型	證明商品本身優於同類競爭商品。
動畫或電腦繪圖型	運用動畫或電腦繪圖表現一般難以拍攝的畫面及鏡頭。
幽默型	以幽默的演唱或比喻方式，讓消費者對商品有所好感。
虛構型	將日常生活中不可能發生的事，以超現實的表現手法呈現。

四、運用科技掌握廣告成效：由於目前科技極為進步，因此可以在巨型廣告的畫面上，或者在廣告牌周邊安裝小型的監視器，以了解當人潮經過廣告，及看到廣告時，對廣告反應的正負面程度，並以此結果，進行回饋或修正。

五、運用科技掌握廣告對象：當廣告監視器發現，經過廣告看板的是一名男性，就立刻更新電子廣告畫面，如刮鬍刀、皮鞋等，男人所需的相關產品；如果經過廣告看板的是女人，廣告就可能變成化妝品、保養品等廣告來滿足潛在消費者。

商學廣告方式

商學廣告方式

① 平面廣告
② 電視廣告
③ 戶外廣告
④ 網路廣告
⑤ 節目專訪、新聞評論
⑥ 參與談話性節目
⑦ 製作新聞或綜藝節目

149

廣告文稿設計要求

1 正確	**4** 清晰	**7** 優雅
2 具體	**5** 協調	**8** 誠實
3 簡潔	**6** 特色	**9** 完整

品牌廣告表現方式

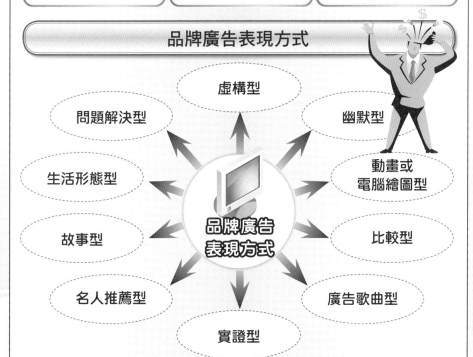

虛構型

問題解決型

幽默型

生活形態型

動畫或
電腦繪圖型

故事型

品牌廣告
表現方式

比較型

名人推薦型

廣告歌曲型

實證型

Unit **7-6** 廣告效果

廣告的創意與製作，要精緻和人性化，貼近人群、人心，才能令人印象深刻。

一、廣告與代言人一致：運用廣告理性訴求與廣告代言人的組合，對消費者的購買意願、行動，會有較佳的說服效果。這種效果尤其是消費者，對廣告代言人有好感，且代言人和產品間緊密結合，而消費者又不排斥該產品時，此時推薦的效果最顯著，因為一致性力量，更會加強消費者，對產品的好感。

(一) 雅芳（Avon）：2008年雅芳（Avon）為提振營收、增強消費者品牌形象認同，廣邀好萊塢（Hollywood）大明星代言，尤其是奧斯卡影后莉絲‧威斯朋（Reese Witherspoon），擔任雅芳首位全球形象大使後，雅芳業績明顯成長。

(二) 勞斯丹頓（ROSDENTON）：臺灣手錶產業勞斯丹頓，找來當時紅遍南臺灣的「台灣阿誠」連續劇男主角陳昭榮，擔任品牌代言人，打出總裁系列「錶中勞斯萊斯」口號。當時電視廣告中，畫面中果真出現一部勞斯萊斯禮車，這時手戴勞斯丹頓手錶的陳昭榮，開車門走下來，廣告內容巧妙搭配台灣阿誠的總裁身分，立刻讓觀眾完全融入廣告情境中。電視廣告每天強力放送，再加上一個月40檔電視購物台檔期，勞斯丹頓品牌的印象，很快深植消費者心中。

(三) 舒酸定牙膏：「專業牙醫師推薦」，以及將產品定位在「抗敏感」的訴求上，使得舒酸定牙膏在牙膏市場異軍突起。這充分顯示醫師的專業化，提高了該產品的可信度，再加上產品定位清楚，在一致性力量下快速獲得消費者信賴。

二、廣告與代言人相悖：若消費者並不喜歡該產品，但他對廣告代言人有好感，此時消費者便處在認知不平衡（或不相稱）的狀態，不平衡所引起心理焦慮，驅使他改變認知結構。結果不是降低對代言人的好感，就是增加對產品的好感；如果他選擇了後者，這就達到了推薦式廣告的目的。但也有一種現象是，消費者過於注意到的是名人，而非品牌，這時代言人就無法幫助品牌形象的提升。

三、比較廣告：比較廣告即是品牌利用挑戰的訴求方式，針對兩個或多個競爭者，以指名或暗示的手法，來比較類似產品屬性的優劣。此種廣告方式會產生諸多問題：1.品牌名稱易混淆；2.造成消費者的反感；3.誤會訊息的內容。此外，使用比較廣告時，也必須審慎評估，並同時考慮下列因素：消費者是否能了解廣告中的比較；比較是否具相關性；品牌名稱及訊息內容的溝通效果；以及對廣告的反應。

四、廣告溝通倫理：品牌廣告一定要「戒欺」，更不能以踐踏他人，來塑造自己的形象。2005年肯德基以「這不是肯德基」的炸雞廣告，把國軍描寫成，因探親家人帶來的不是肯德基炸雞，而直接在地上哭鬧。國防部緊急聯繫該公司，結果非但無法遏止該廣告，後來為了自家新產品，又推出第二支毀損國軍形象的廣告－「您真內行」！這種以毀損他人形象的廣告策略，是最自私、也最不道德！

廣告效果佳

對代言人有好感

代言人與產品關係密切

消費者不排斥該產品

比較廣告的缺點

品牌易混淆

消費者反感

誤會訊息內容

製作比較廣告應注意的要點

消費者能否理解 　「比較」是否具關聯性　溝通效果　消費者反應

品牌廣告倫理

戒欺 ← 品牌廣告倫理 → 勿踐踏「別人」形象

Unit **7-7**
品牌形象廣告

一、**廣告階段重心**：品牌都有其生命週期，不同週期的廣告與重點，應有不同的特色。1.誕生期：當引導產品打入市場時，以說服性廣告為主，應從理性的角度切入。2.成長期：著重宣傳其生產經營的一貫宗旨和信譽，讓消費者使用安心。3.成熟期：在百家爭鳴、競爭最激烈的時期，應突顯品牌長期的承諾與核心價值，給人以溫馨、關懷的信賴感。4.衰退期：在廣告的創意上，最好從消費者最在意的議題切入，而且以情感層面著手為佳，因為理性訴求到這個階段，已經沒有空間。

二、**形象廣告**：感性訴求帶領消費者，進入戲劇狀態與情感狀態。使得商品廣告超越了商品，卻使人對品牌留下更深刻的印象。

 案例　中華豆腐

恆義食品公司自創「中華豆腐」品牌，其營運轉捩點是在1986年，一支電視廣告。當時是以「慈母心、豆腐心，中華豆腐與你心連心。」為拍攝主題，邀請當紅的「星星知我心」電視連續劇女主角吳靜嫻，擔綱演出。廣告是說一個母親提著一籃橘子，準備步上火車月台，送給即將赴外地工作的小孩。但踏上階梯時，因心有牽掛，不慎把籃子打翻，她急忙撿好橘子後，匆忙跑上月台，卻發現火車已駛出。這時，當母親露出懊悔的表情時，小孩卻在後方出現。這支成功將「慈母心」與「豆腐心」緊扣在一起的溫馨、感人廣告，播出後知名度暴紅，中華豆腐營業額呈倍數成長，國人對盒裝豆腐的接受度，也因而大開。

 案例　信義房屋

信義房屋1997年上半年，推出新的電視形象廣告→感情受挫的女主角，回憶起和男友一起看房子的往事，而傷心落淚，旁白說到：「當初以為一起找的房子，會永遠在一起，直到那天，我才明白他並沒有這麼想。」隨著劇情發展，女主角找到了屬於自己的新屋，重新找回自己的幸福，此時，巧妙的旁白話鋒一轉：「以為再也不會相信任何人，卻發現還是有些人值得信任。信義房屋，信任帶來新幸福。」

 案例　台灣啤酒

台灣啤酒：「沒青嘜講，有青才敢大聲！」知名歌手伍佰拿著吉他，一邊彈奏音樂，有力地以臺語喊出這句話，成為當時東方廣告勝出的關鍵。

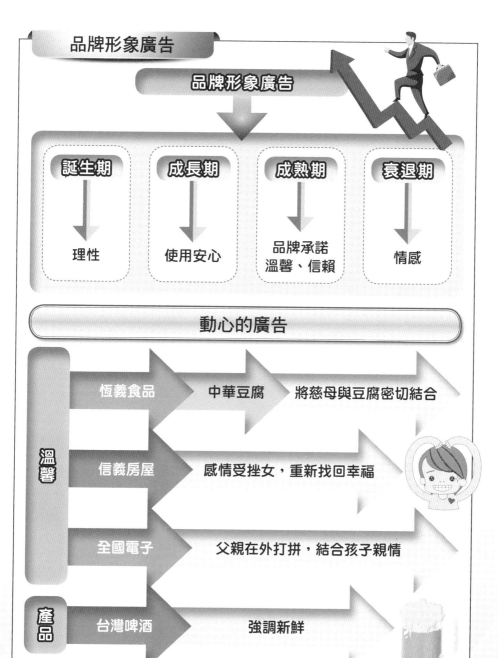

品牌形象廣告

品牌形象廣告

誕生期	成長期	成熟期	衰退期
理性	使用安心	品牌承諾 溫馨、信賴	情感

動心的廣告

溫馨	恆義食品	中華豆腐	將慈母與豆腐密切結合
	信義房屋	感情受挫女，重新找回幸福	
	全國電子	父親在外打拼，結合孩子親情	
產品	台灣啤酒	強調新鮮	

✎ 案例 全國電子

全國電子以溫馨、親情的系列廣告，譬如某廣告，孩子伸出手想從電腦螢幕，碰觸遠在上海打拼的爸爸畫面，貼切反映某些家庭，因為工作遠離親人的生活寫照，令人感慨掉淚。全國電子的廣告，建立值得信賴與專業的形象。

Unit **7-8**
議題行銷

一、議題行銷的意義

　　指企業透過創意企劃，將目前消費大眾所關注的熱門議題，轉為擦亮品牌的動力；就是藉流行議題的力，成為推動品牌的力。

二、議題行銷的優勢

　　1.將消費者由過去的資訊接收者，轉化為資訊的傳遞者，可快速增加消費者，對此行銷活動的接受度、信賴度，進而達到廣告效益；2.使品牌在短時間內，增加品牌的曝光率及知名度，產品的能見度及記憶度；3.提升企業形象，以及商品銷售；4.在資源有限的情況之下，「議題行銷」（Cause Marketing）可幫助企業減少行銷經費。

三、議題形式

　　議題可以是重大新聞事件，或社會熱門話題，只要是與使用者相關，會引起興趣的、即時的、有切身所需的，就是好議題，可能是政治議題、消費議題、產業議題、社會的民俗節慶。

四、議題行銷的步驟

　　(一) 議題的找尋：議題要攸關社會→議題的顯著性、持續性，也就是符合大街小巷婦孺關心的議題。例如，軍公教或勞工年金改革、禽流感疫情，或是無薪假人數飆高、造成社會恐慌的大地震等議題。

　　(二) 創意的將品牌與議題結合：首先去解構這些議題當中的人、事、時、地、物的關係，然後去找出這些流行議題當中，能夠擦亮品牌的亮點，最後再以創意的方式切入，使品牌成為話題中的話題，亮點中的亮點。

　　(三) 勿忘品牌貢獻：行銷若含有感動的要素，就更容易激起消費者共鳴。如禽流感人傳人的疫情出現，品牌企業主動免費提供孤兒院口罩；社會吹起裁員潮，品牌企業不但不裁員，還大舉徵才、大規模加薪，必會引來愛心企業的新聞報導。

　　(四) 有效的溝通：找到了社會關心的議題，也創意的將品牌與議題結合，但如果欠缺有效的溝通，社會大眾根本就不知道，則是功虧一簣！

　　有效的溝通，應注意誰來代表組織發言？發言人是否具備發言人的條件？溝通管道是否通暢？最後是否能形塑對品牌的認同，與實際消費的行為。

議題行銷優勢

- 降低行銷經費
- 快速增高企業形象
- 快速增高品牌知名度
- 快速增高消費者信賴度

議題行銷步驟

① 議題尋找

② 品牌與議題結合

議題行銷步驟

③ 勿忘品牌貢獻

④ 有效溝通

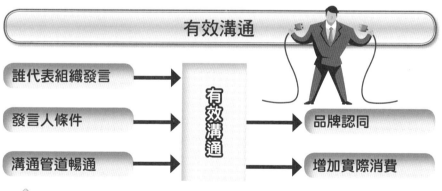

有效溝通

誰代表組織發言 ➡ 有效溝通

發言人條件 ➡

溝通管道暢通 ➡

有效溝通 ➡ 品牌認同

➡ 增加實際消費

 案例 7-ELEVEN

　　7-ELEVEN就曾針對情人節的議題，在10多年前提出過情人節的提案，當時不僅在門市設置情人節的主題專案架，更從法國、荷蘭空運新鮮的鬱金香，因而成為流行話題。

Unit **7-9** 公益行銷

荀子《榮辱》：「先義後利者，榮！」這是公益行銷的精神所在。

一、公益行銷的意涵

公益行銷（Cause-related Marketing，簡稱CRM）是藉由提供有形財物，或無形勞務的手段，對社會做有意義的貢獻，達推廣品牌的目的。以往在國外常見的方式，像提供資金建圖書館、博物館、建大學等。國內則以修橋補路、環境保護，節能減碳為訴求。

二、公益的迫切性

目前各種災難頻傳，如飢荒、瘟疫、大地震和戰爭，因此急迫的是濟助災民、殘障人士、貧苦人士、協助單親媽媽及外籍新娘，幫助孤苦孩童求學。

三、公益行銷類別

1.實物類→包括公司產品與非公司產品；2.金錢類→以直接捐獻、公益行銷等方式提供；3.服務類→投入人力、管理技術、科技技術諮詢等。

案例 鴻海

鴻海在2013年5月表示，員工餐廳使用莫拉克災民種植的蔬果產品；員工衣物委由身心障礙就業者收送洗；視障朋友們提供舒壓按摩；年節送禮優先採購身心障礙福利團體生產商品。鴻海未來還希望能引進身心障礙團體洗車服務，期待透過實際行動，擴充弱勢族群就業機會，讓員工享受優質服務，創造雙贏價值。

四、公益行銷的優點

1.品牌聲譽：企業以公益為己任，可提升品牌形象，並提高消費者購買意願。其中以「資金」或「人力、技術資源」，直接贊助公益的形式，最受肯定；而「你消費、我捐款」等方式，效果其次。2.提振員工士氣：常做公益的品牌企業，可激勵全體員工的士氣，而且對於招募優質人才，也具有正面作用。3.節省經費支出：具公益倫理的企業，不必浪費在賄賂、送禮、利誘等方面，因此可以節省經費支出，以及成為消費者眼中，廉能可信賴的公司。4.增資更容易：企業擴展要資金，以公益為己任的公司，增資相對容易。5.與政府、社區保持良好關係。6.減少糾紛。

五、公益行銷的局限性

企業一手做公益，另一手卻剝削員工；或一手做公益，另一手卻偷工減料。這樣公益的效果將大打折扣，品牌也無法被接受。

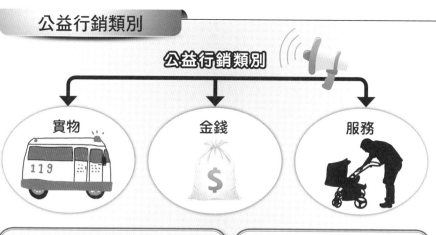

公益行銷類別

公益行銷類別

實物　金錢　服務

公益行銷　　公益行銷優點

過去

國外　國內

建大學　博物館　圖書館　節能減碳　環境保護　修橋補路

① 品牌聲譽
② 提振員工士氣
③ 節省經費開支
④ 增資容易
⑤ 與政府、社區關係良好
⑥ 減少糾紛

 正面案例　鴻海

2009年的「八八水災」，由於災情的慘重，鴻海集團總裁郭台銘在8月14日親自到災區，捐出臺幣4億元來賑災，同時也帶來鴻海集團研發的緊急照明設備，共捐出逾千支，希望災區未復電前，夜晚能有緊急照明，讓災民有安全感。

公益行銷模式，既可做善事又可行銷企業產品和品牌。

 負面案例　孟子說：「無惻隱之心，非人也！」

例如，九一一恐怖攻擊當天，在世貿大樓災害現場，進行搶救的救難人員，到鄰近的星巴克咖啡店要水喝，結果店員竟然要他們付錢。不出幾小時，這件事在網路上散播開來，成為全球人盡皆知的新聞。星巴克剎那間成了眾矢之的，它一直小心翼翼維護的品牌聲望，立刻黯淡無光，導致星巴克聲譽下滑、股票大跌！

Unit **7-10**
消費者體驗設計

現代消費者重視在體驗中，所獲得的價值感受。因此只有創造出難忘的體驗價值，才能為企業帶來更永續的商機。

一、消費者體驗的意義：體驗是以視覺、聽覺、嗅覺、味覺與觸覺五種感官為訴求，創造知覺體驗的感覺，引發顧客動機，與增加產品價值。

二、消費者體驗是競爭力關鍵：品牌具有競爭力，就必須關心消費者體驗，仔細探索每一個可能存在的顧客接觸點，在每個「接觸」的關鍵時刻，呈現最佳的服務品質，並超越消費者的期望，造成物超所值！因此要抓住兩個重點：1.消費者預期什麼？2.品牌和消費者的每個接觸點，是否都傳遞一致的訊息？

三、消費者體驗與期望的關聯性：讓消費者敗興而歸，是失敗的體驗設計。

消費者體驗>消費者期望→驚艷、驚喜→消費者滿意度高

消費者體驗<消費者期望→沮喪、感覺受騙→消費者滿意度低

四、設計體驗步驟：訂主題；塑造情境；五官刺激；強化印象（提供紀念品）。

五、體驗的類別
(一) 感官行銷：創造人們的五感體驗，刺激購買動機。
(二) 情感體驗：強調消費者在體驗過程中，內在真實的情感與情緒。因此設計這種體驗的重點，是如何觸動消費者，創造情感上的深刻感受。
(三) 思考體驗：用創意的方式，使消費者透過思考，體會品牌的精神。
(四) 行動體驗：透過對品牌直接的接觸，所產生的感受。
(五) 關聯體驗：讓個體在體驗後，能深刻的將品牌與社會產生關聯。設計這種體驗的重點，是讓消費者體驗到這個品牌，不只對消費者有意義，而且對社會國家都是有貢獻的。

六、流行的品牌體驗：娛樂體驗、教育體驗、超越體驗、美學體驗等4種。

七、要整合企業價值鏈上，每個功能與涉及的員工和組織，從而讓每個功能、員工、組織，都可以為顧客共創價值。

八、品牌體驗的關鍵變數：驚奇性（Surprise）、參與度（Participation）、沉浸感（Immersion）、體驗態度（Experiential Attitude）、情緒體驗（Emotional Experience）、體驗滿意度（Experiential Satisfaction）、體驗後忠誠意圖（Loyalty Intentions）、重購意圖（Repurchase Intention）及推薦意圖（Recommend Intention）。

消費者體驗

| 消費者體驗 | > | 消費者期望 | → | 高滿意度 |
| 消費者體驗 | < | 消費者期望 | → | 低滿意度 |

消費者體驗類別

- 情感體驗
- 行動體驗
- 思考體驗
- 關聯體驗
- 感官體驗

流行的品牌體驗

- 娛樂體驗
- 教育體驗
- 超越體驗
- 美學體驗

159

品牌體驗變數

- 驚奇性
- 參與度
- 沉浸感
- 體驗態度
- 情緒體驗
- 體驗滿意度
- 體驗後忠誠意圖
- 重購意圖
- 推薦意圖

知識補充站

流行的品牌體驗
1. 娛樂體驗：例如，觀賞花海、特殊魔術、技藝、動物表演等。
2. 教育體驗：例如，白蘭氏雞精工廠參觀、製程參觀訪問、專訪品牌領導人等，以獲取知識技術為目的的體驗方式。
3. 超越體驗：例如主題公園、虛擬太空遊戲、扮演童話故事人物，讓消費者以更主動的方式參與、融入情境，甚至成為體驗活動中的成員。
4. 美學體驗：例如面對美國大峽谷、臺灣阿里山，產生特殊感覺。

Unit 7-11
運動行銷

企業在運動行銷的角力賽，絲毫不輸真正的球場競爭，更有後勁十足之勢。

一、運動行銷意義

運動行銷是在特定的場地、針對目標族群，進行一段期間的聚焦行銷，進而滿足消費者的需求，與達成組織的目標。

二、運動行銷的種類

選擇最熱門的運動，是切入運動行銷的基本原則，最熱門的運動，才能夠引起話題。運動行銷的種類，包括贊助賽事運動、插播廣告、現場廣告招牌、邀請運動明星當代言人（林書豪、王建民）、舉辦冠軍特價促銷活動等。

以棒球賽為例，從本壘板、賽場周圍背板、選手身上臂章都可以有技巧地露出，甚至比賽中場休息，還可以跟現場球迷進行互動遊戲，利用加油棒、現場的加油口號，都可以把企業名稱帶入，達到與球迷黏性更高、更聚焦的效果。

三、贊助比賽

不論棒球、足球、籃球、網球，都可以透過贊助方式，來推廣運動及促銷商品。透過比賽向現場觀眾（電視觀眾），以及那些在賽前，或賽後閱讀相關報導的讀者行銷，可提高品牌知名度，並提升品牌權益。

四、運動行銷效益

主要效益有增加產品能見度、提高市場占有率、強化企業形象。任何重要的國際比賽時，常有數十億人次的觀眾在看，其中商機甚大！若能抓住這個機會，會場的布置、工作人員的制服，甚至是參賽球員的球衣、球鞋，在觀眾目不轉睛的注目球員的一舉一動時，也注意到了他們身上的標誌。對於自己喜愛的球員所使用的商品，更容易產生移情作用！

五、完整規劃

完整規劃指的不是單一項目，而是針對某一運動領域，精心的思考與設計。運動行銷是整體行銷策略的一環，投入運動行銷，後續還需要投入近兩倍的行銷、業務資源配合，才能發揮運動行銷的效果。

運動行銷

贊助公益活動

兩岸萬人單車

設置體育獎學金

每出口一車捐1元

巨大自行車運動行銷

興建賽車場

贊助319向前行

推廣騎自行車

舉辦自由車賽

運動行銷主要效益

1. 增加產品能見度

2. 提高市場占有率

3. 強化企業形象

運動行銷種類

贊助賽事運動

插播廣告

現場廣告招牌

邀請運動明星代言人

舉辦冠軍特價促銷活動

其他

 案例 巨大

　　巨大公司在1986年成立自由車隊，1989年捐助2,500萬元，成立財團法人捷安特體育基金會，2000年改組為自行車新文化基金會，其總體規劃措施如下：1.贊助各項健康公益活動。2.設置體育獎學金、興建賽車場。3.每年配合政府積極推展國際無車日活動，推廣騎乘自行車，促進產業發展。4.每年舉辦捷安特盃自由車賽，大力推廣自行車運動，帶動社會騎車風氣。5.巨大與其他九家企業共同贊助《天下》雜誌出版的《三一九鄉向前行》，讓更多人了解臺灣319個鄉鎮市的地理、人文、風情與特產。6.巨大提出外銷自行車「一車一元」計畫，透過簽證出口的方式，每臺捐贈1元給協會作為推展自行車運動基金。7.舉辦大型國際性比賽及單車活動：巨大曾在2000年舉辦兩岸萬人單車行。

Unit **7-12**
口碑行銷

一、口碑行銷的意義：是指利用具有影響力的人（有可能是家庭主婦或試用者等），來為產品背書或推薦。

二、「口碑」特質

(一) 評論：對某特定產品或服務，在任何一段時間內，消費者所給予的評論。

(二) 傳染性：社會對消費商品或服務後的情緒，具有相互傳染的功能。

(三) 人際網絡：口碑傳輸是透過人際網絡，表達對特定產品或服務的意見。

三、重視口碑的理由：口碑之所以重要、有效，是因一傳十、十傳百，可以促使交易活絡起來。

(一) 說服力：由現有客戶透過口碑，與潛在客戶交流產品的使用心得，比企業自己宣傳更具說服力！

(二) 市場競爭：目前消費者擁有比過去更多的選擇，面對這麼多選擇，如何做出正確的抉擇，口碑是重要的因素。

(三) 重視品牌表現：目前消費者購買前，會主動在網路進行資訊搜尋。優質的產品或服務，會有不錯的口碑，對品牌自然有正面的作用。

(四) 重視體驗：消費者越來越重視體驗，因此產品或服務口碑評論的「量」，對於品牌即具有顯著的效用。

(五) 行銷預算有限：當前景氣環境惡化，在廣告經費精打細算的情況下，但又不願意輸掉市場的影響力，這就更加突顯口碑行銷的重要性。

四、口碑行銷操作的關鍵點：創造訴說慾望的契機、產生口碑的時間（接觸商品的時間）、空間（接觸商品的地點，以及接觸方式）、氛圍（接觸商品前後，因為外在因素，所得到的綜合感受），口碑傳遞的談論者、話題（話題要簡單、有力、易傳達，從消費者觀點出發，貼近群眾的想法、需求）、路徑、工具（網路社群、部落格、Facebook）、參與（讚揚要感謝，批評要解惑）、傳遞的力道、追蹤後續變化。

五、網路口碑：口碑行銷原來只是街頭鄰里，互相走告的傳播力量，現在又因網路的因素，而更加地無限延伸。

六、加強研發服務：品質夠好，就會有口碑！所以要加強產品研發及服務，使顧客滿意度大幅提高。

七、忌諱：口碑行銷忌諱造假、過度廣告、攻擊他人等。同時要注意，壞口碑比好口碑，傳播得更快！

口碑行銷

口碑特質

| 評論 | 傳染性 | 人際網路 |

重視口碑理由

說服力

市場競爭

重視品牌表現

重視體驗

公司行銷預算有限

口碑行銷操作關鍵點

① 創造訴說慾望契機
② 產生口碑的時間
③ 產生口碑的空間
④ 產生口碑的氛圍
⑤ 產生口碑的傳遞談論者
⑥ 產生口碑的話題
⑦ 產生口碑的路徑
⑧ 產生口碑的工具
⑨ 產生口碑的參與
⑩ 產生口碑的傳遞力道
⑪ 追蹤後續變化

 案例 劍橋包 & 海角七號

　　2012年走紅於時尚圈的「劍橋包」，不靠任何廣告，僅用「社群和部落格」的「口碑推薦」，結果歐美明星人手一個，並在全球100個國家，建立190個銷售據點。

　　《海角七號》在電影上映前，就已在各大網站的討論區發表心得；工作人員也以文字、照片、影片等方式記錄拍攝過程，並在官方部落格與網友分享。

公關行銷

善用公關行銷，提升品牌或企業形象，已被跨國公司視為重點業務，希望在「紅海」和「藍海」的競爭之外，更添傳播的行銷優勢。

一、公關核心特質：公關核心特質有三大面向，即手段、管理、對等。就手段來說，公關是手段，目的在推動企業溝通，藉有效的外部溝通，塑造友善的經營環境。就管理來說，公關是組織和媒體間的關係管理，強調「和諧」（Harmony）和「關係」（Relationships）。第三面向是在「雙向對等」的互信關係上，建立對品牌企業價值的認同與理解。

二、公關行銷的精神

1.要有「非產品面向」的思考和作為，不能被「產品」給制約住。譬如白蘭氏的Slogan標語──「一輩子健康夥伴」等系列的廣告、公關作為，全部都要緊扣「健康」二字去做行銷的延展，目的就是要讓人把「白蘭氏」與「健康」畫上等號，而不是將白蘭氏等同於雞精。

2.創造議題吸引媒體報導，增加曝光度，爭取消費大眾的信任。

3.將外部的不同聲音，帶進公司決策，並有能力打消與外部期望牴觸的品牌決策。

三、公關行銷的效能：1.有助於品牌知名度的創建；2.低成本，但效果好，可謂「本小利多」；3.提高消費者對品牌企業價值的認同與理解。

四、提升品牌認同度：影響消費者接納品牌的過程因素有五個階段，即1.認知（Awareness）；2.興趣（Interest）；3.評估（Evaluation）；4.試用（Trial）；5.接納（Adoption）。公關透過媒體，能使消費者微妙的接受這五大階段。

五、公關行銷的步驟：工作目標；對象；傳遞的管道與核心訊息；計畫整體公關行銷的活動；最後執行計畫。

六、考慮公關行銷的溝通管道：要使用何種溝通媒介？是平面媒體還是電子媒體？是廣播、電視還是報紙？是寫文章還是發表成功案例？是安排訪問、座談會還是媒體參觀？這些都要考慮進去。

七、爭取刊播機會：公關新聞需透過傳播媒體的採用與刊播，才能達到宣傳的目的。因此，公關新聞要能成功，首先就是要引起媒體主動的報導，所以要在第一時間反應，把握新穎、特殊的要點，以吸引媒體的重視。

公關面向

手段

管理

對等

公關效能 影響品牌被接納的5階段

品牌知名度

低成本

提高品牌認同度

認知

興趣

評估

試用

接納

公關行銷步驟

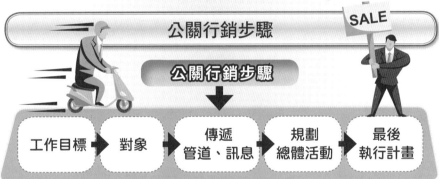

公關行銷步驟

工作目標 ▶ 對象 ▶ 傳遞管道、訊息 ▶ 規劃總體活動 ▶ 最後執行計畫

案例 王品集團

　　招待全體股東本不具新聞價值，但是王品集團卻讓它有新聞價值。2008年王品集團招待全體股東，二天一夜墾丁旅遊，並特地選擇高鐵作為交通工具。在時速300公里的高鐵車廂裡，王品集團董事長戴勝益穿上廚師服，親自將王品牛排，送給每位股東品嚐，這就是新聞價值的事件。活動當日共引起TVBS等7家電視台，播出達1分半鐘。隔天消息出現在《聯合報》及《經濟日報》全國版、Google及Yahoo!等入口網站新聞頁面。廣告效益，十分驚人！

Unit **7-14**
認證、參展、比賽

行銷品牌運用之妙，需仰賴各企業的行銷，與各部門的集體智慧。例如本節所指的認證、參展、比賽等，也是各大企業常用的方法。

一、認證

參加國際專業檢驗並爭取國際認證，以求產品符合國際標準。透過類似活動，可塑造出專業的品牌形象，因為若取得國際認證，則可舉辦新品發表會，同時能將得獎紀錄刊登於會員刊物、 DM上，以塑造專業的品牌形象，增加品牌在國際上的知名度。

二、參展

企業參與國際商品展覽，是提高品牌知名度最直接的方式，所以企業應積極參加國際性的展覽，並派遣專人出席介紹，以便將產品以最直接的方式，推向國際市場。

166

案例

浙江最早的老字號名店，創立於西元713年的寧波黃古林工藝品（到現在，超過1200年），以及另一家起源於西元861年，專營茶葉的惠明茶葉公司（近1200年歷史），為贏得臺灣市場消費者的青睞，特別參加2009年中華老字號的臺北精品展。

三、贊助活動

藉由贊助比賽或參與比賽的方式，也能使企業的LOGO或是商品的品牌，達到正面的曝光效果。例如，參加各政府機關的評比，小巨人獎、創新研究獎、青年創業楷模等。

贊助活動可包含的範圍十分廣泛，從體育活動、公益活動，以至藝術文化活動，都是可以利用的機會。基本上，在大多數情況下，贊助比賽的最主要作用是，創建或維持品牌知名度。

四、舉辦或參與活動

行銷品牌活動規劃中，最易吸引人的就是舉辦活動。基本上，透過活動達到行銷的類型，可概分為六大類：1.體育活動；2.節慶活動；3.社會慈善；4.藝術文化；5.環境保護；6.學術教育等。

行銷品牌

認證	贊助活動
參展	舉辦或參與活動

行銷品牌

舉辦活動、推動品牌

- 體育活動
- 節慶活動
- 學術教育
- 環境保護
- 社會慈善
- 舉辦活動、推動品牌
- 藝術文化

案例　友華生技 & 大同醬油

　　友華生技品牌「卡洛塔妮」羊奶粉，經常針對懷孕與新手媽媽，舉辦育兒教育和營養新知的講座與活動，以提高品牌曝光率、建立品牌的專業形象，藉由與消費者之間的互動，貼切地了解其想法，並迅速地反映市場需求。

　　大同醬油創新研發出「柳丁醬油」及「紅麴醬油」，並以這兩項新產品參與雲林縣伴手禮選拔，最後榮獲雲林縣十大伴手禮之一。

第 **8** 章

品牌管理

 章節體系架構 ▼

Unit **8-1**
品牌診斷（Brand Diagnosis）

一、品牌崩潰：當消費者心中的負面價值，大於正面價值，而且超過臨界點時，就有可能出現品牌崩潰的現象。

二、品牌診斷功能：1.可提早發現品牌發展的困難所在、品牌衰退的原因，及品牌核心價值無法極大化的癥結；2.避免品牌崩潰；3.有助品牌整體發展與競爭力。

三、品牌診斷途徑：品牌診斷了解的途徑，可以透過資料蒐集、品牌調查、問卷、市場研究等方式，將所得資料數字化、量化、圖表化、歸類化。

四、品牌診斷的重點：在品牌出現危機徵兆時，就要積極透過品牌的診斷，掌握品牌被消費者接受的程度，重新規劃品牌策略、品牌定位、品牌識別設計、品牌通路布局、品牌形象推廣等關鍵議題。

五、品牌認知圖（Brand Perceptual Map）：是品牌診斷的重點指標，品牌認知圖的五個指標，更是度量品牌的市場表現。

(一) 品牌聯想率：在不給予消費者提示的情況下，當提到品牌所屬的品類時，消費者能直接想到品牌的比例，即所謂的品牌聯想率。消費者的品牌聯想，從有形到無形包括五個層次：即產品聯想（譬如想吃漢堡，會不會想到麥當勞？）、識別聯想（商標、顏色、字體、代言人等）、企業聯想（這個產品是哪一個企業製造的？）、使用者形象（什麼樣的人，會買這樣的品牌？）、及體驗聯想（體驗到某特殊待遇，會想到哪一個品牌）。

(二) 品牌知名度：品牌知名度就是消費者對品牌名稱，及其所屬產品類別的知曉程度。品牌知名度越高，表示消費者對其越熟悉，而熟悉的品牌總是令人感到安全、可靠，並使人產生好感，選購的可能性越大，其市場占有率越高。

(三) 品牌美譽度：品牌美譽度（認為某品牌最好的消費者）反映的是，消費者在使用經驗，和所接觸到多種品牌資訊後，對該品牌價值認定的程度。

(四) 品牌市場占有率：係指消費者於一定時間內購買某品牌，在整個品類市場中占有的比例。消費者占有率對品牌建設來說，是一個更有實際意義的指標。

(五) 品牌市場成長率：今年某一時段中，品牌的消費者占有率，與去年的同一時期品牌消費者占有率的相對比率。所以要估算成長率時，須選擇兩年的同一時段作比較，而非於一年的兩個時段。

六、「品牌認知圖」取得方式：市場調查可掌握「品牌認知圖」。可將消費者大致區分為1.漠視群、2.低涉入群、3.低能力群、4.忠誠群。從這四大族群的變化中，得知今年、本季、本月、本週、本日，支持的忠誠群是正向成長，還是逆向衰退，以及其他族群的變化。品牌診斷結果後，要檢討現行的品牌策略、識別系統、產品設計等。同時要作SWOT分析，訂定爾後設計方向、品牌策略及規劃，並作為管理面與推廣面基礎，以及階段性的發展方向。

品牌診斷功能

品牌診斷功能 → 提早發現 → 品牌價值癥結

→ 避免品牌崩潰

→ 有助品牌發展

品牌衰退原因

品牌困難所在

品牌認知圖

品牌聯想率

品牌知名度

品牌認知圖

品牌美譽度

品牌市場占有率

品牌市場成長率

品牌聯想5層次

產品聯想

識別聯想

企業聯想

使用者形象

體驗聯想

品牌診斷途徑

資料蒐集

問卷

品牌診斷途徑

品牌調查

市場研究

Unit **8-2**
品牌策略

　　外行人認為只要新品牌，能投入巨資做廣告、產品好，就能贏得市場。但實際上，品牌能否成為市場的主流，品牌策略才是真正的關鍵！唯有掌握正確的品牌經營策略，品牌才能成功。

一、品牌經營目標

　　實踐消費者承諾；提升消費者滿意度；企業永續生存。

二、品牌經營策略

　　品牌策略對於企業而言，是一種市場廣度及深度的應用思考。

三、建構新品牌策略的方式

　　1.成立品牌團隊；2.分析消費者需求；3.研究競爭者與市場；4.分析品牌機會→發展利基市場；5.整合企業內外部資源；6.黏住顧客群→推出好品質，有特色的產品或服務，超越客戶期望；7.選定品牌通路；8.即時回應市場需求；9.品牌持續研發與創新；10.品牌維護；11.爭取政府協助，打破國際市場障礙；12.重視企業倫理與道德；13.品牌診斷。

案例

　　2008年1月琉園（Tittot）進駐臺北101大樓，琉園成立中央集權的「品牌策略中心」，以行銷思維為基礎，集中行銷、公關、視覺（含網站）、空間（含陳列）、季刊、產品發展，及消費者行為分析等功能。琉園所有對內及對外的呈現，例如行銷相關活動的主題調性等，都由品牌策略中心主導。琉園過去商品的價格，透過什麼通路賣給誰，主要都由業務部門決定；但為了落實行銷導向的策略，現在已改由行銷部門決定，甚至未來幾年琉園要引領風潮，產品線、顏色等，也都必須由行銷主導。

四、品牌發展策略

　　1.品牌滲透策略；2.品牌發展策略；3.品牌垂直整合策略；4.品牌水平併購策略；5.品牌全球化策略；6.品牌策略聯盟策略；7.品牌低價策略；8.品牌差異化策略；9.品牌投資擴大策略（含購併）；10.品牌授權策略。

品牌經營目標

實踐 消費者承諾	提升 消費者滿意度	企業 永續生存

建構新品牌策略

建構新品牌策略

- 成立品牌團隊
- 分析消費者需求
- 研究競爭者與市場
- 分析品牌機會
- 整合資源
- 黏住顧客群

- 選通路
- 研發創新
- 品牌維護
- 品牌診斷
- 爭取政府協助
- 重視企業倫理道德

品牌發展策略

品牌發展策略

- 滲透策略
- 品牌授權策略
- 發展策略
- 擴大投資策略
- 垂直整合策略
- 差異化策略
- 水平併購策略
- 低價策略
- 合球化策略
- 策略聯盟策略

 案例

　　國際上經營百年的強勢品牌，例如，可口可樂創立於1886年、奇異公司崛起於1890年、IBM成立於1911年，它們之所以多年暢銷不衰，被廣大消費者接受，主要是因為這些強勢品牌，不僅具有高知名度，而且擁有良好的口碑，因此造就了品牌忠誠度，這也是他們多年來，注重品牌綜合經營的結果（如創新、靈活、領導人戰略、多元化、實踐品牌承諾）。

Unit 8-3
不景氣下的品牌策略（一）

　　歐債風暴、中國經濟疲軟，以及大洪水、地震、乾旱，致使全球工作機會減少，需求急凍。面對這樣的大環境，企業品牌該如何經營，才能使品牌勝出？以下提出策略，以供參考！

一、強化品牌廣告

　　品牌的選擇，往往是消費者購買時，重要的決定因素。品牌廣告可提高品牌知名度，此舉有助於消費者購買的可能性大增，因為消費者在購買時，通常會將具有深刻印象的品牌，作為購買的考慮組合。例如，購買球鞋就會聯想到耐吉（NIKE），小筆電會聯想到華碩、宏碁。經濟越是不景氣，越要進行品牌廣告，才有可能維持業績，甚至景氣回暖後，成為市場的主力品牌。

二、形成策略焦點

　　不景氣年代的「消費者心目中理想品牌大調查」，發現過去只從「消費者」位階，去討論品牌的高度。不過在不景氣的環境，品牌拉高到「生活者」的層面，來提升日常生活的價值，這是正確的策略。所以企業應集中有限資源，專心耕耘本業最受歡迎、最有前景的明星產品，以形成策略焦點。

三、增強研發創新

　　我國品牌經營模式的特色，大多致力於行銷，來打造品牌價值，並將焦點放在增加企業知名度、增加產品曝光度等事務上。全球品牌大企業的品牌經營模式，則是以創新為導向，運用產品研發、異業結合、商品授權、通路變化等方式，讓品牌價值，獲得新的發展動力。例如，以通路經營為例，日本的7-ELEVEN開始販賣藥品，並提供現做的熱食服務，進行策略調整。

四、提高品牌價值

　　品牌經營模式往往將重心，放在行銷，相對於產品、服務的創新，就顯得不足。因而品牌價值，常面臨欠缺成長動力。

　　1.更多了解消費者理性，與感性的需求，精確掌握消費者心理的黑盒子。

　　2.研發創新以提供消費者驚喜、獨特的產品或服務，來突破消費者，不敢消費的心理障礙。

　　3.強化相同價格下的品質、質感，是否比以往更具特色。

　　4.選擇價值感高的品牌通路：例如，自創品牌的王德傳茶莊，除了重金打造總店外，而且產品只進駐五星級飯店與高級百貨。又如奇華餅家與新光三越、SOGO的合作案，強調「高檔、限量」的策略。

不景氣的品牌策略

 強化品牌廣告

 形成策略焦點

不景氣的 品牌策略

 增強 創新研發

 提高品牌價值

提高品牌價值

Start →

01 更多了解消費者

 **02** 研發創新提供新品或新服務

03 提高品質與質感

 04 選擇高檔通路

■ End

Unit **8-4**
不景氣下的品牌策略（二）

一、發展新品牌： 不景氣對新進品牌來說，既可取得成本較低的材料，又可以較低價來網羅，全球研發大廠菁英加入團隊，因此，反而是較佳的切入點和時機。例如，裕隆集團發展的納智捷品牌新車；印度塔塔汽車（Tata Motors）於2009年3月23日所推出新品牌The Nano「奈米」汽車，售價只有10萬盧比（約臺幣6萬7,600元），車速卻能達到每小時105公里。

二、發展高階品牌： 品牌必須擊中價格和價值感的甜蜜點（Sweet Spot），即價格低、價值感高。對消費者來說，品牌當然還是重要的，但他們更在意品牌提供的「價值」。目前臺灣企業擁有的多半是低階的品牌價值，往往缺乏高階的品牌價值，所以發展高階品牌，是企業可以思考的路！

三、發展副品牌： 往昔發展副品牌的目的，是為了訴求不同的市場，像台塑生技，在自創專櫃保養品牌 Forte後，又發展副品牌「Dr's Formula」，以搶攻藥妝保養品市場。不過在大環境不佳的情況下，所發展的副品牌策略，主要是為了不影響原品牌的高價尊榮地位，而以低價副品牌的策略，來擴大並爭取市場占有率。以發展英國茶連鎖系統的古典玫瑰園，自成立來，首度發展副品牌「Rose-House Teapub」，就是為了這個目的。

四、保留資金： 短期內若無法有效開源，則只能節流、撙節營運費用，與資本支出，以擁有更多的資金，來度過景氣寒冬。常見的做法是減薪、無薪假、裁員，甚至選擇斷尾求生，裁撤不賺錢的部門，力求資源效益最大化。

五、發展新價值： 在不景氣的年代，「價值」將躍為主流，過度炫麗奢華、「太杜拜式」（too Dubai）的時尚設計會被打入冷宮。臺灣花王在不景氣時，提出東方美的新美學訴求，為洗髮精帶來不一樣的品牌形象；摩斯漢堡則推出「點套餐，送新品嚐鮮券與熟客回味券」的優惠。

六、降價： 降低消費門檻的主要目的是，希望讓更多的社會大眾，可以加入消費的行列。但是降價一定要有充分理由，否則將對品牌造成傷害。此外，如何塑造低價高品質（高貴不貴）形象，可能是品牌企業突圍之道。

七、強化行銷： 有的品牌會將衰退的責任，歸咎於整體環境的不景氣，但是俗話說：「沒有不景氣，只有不爭氣。」爭氣是指有策略、有智慧。

八、積極擴張： 景氣會循環，不會一直處在低谷。寒冬中的各種成本（人力、土地、資本等生產要素），幾乎都是最低狀態。如果積極採取逆勢砸重金的擴張策略，一旦運用得當，在景氣復甦後，必將成為品牌市場的大贏家。

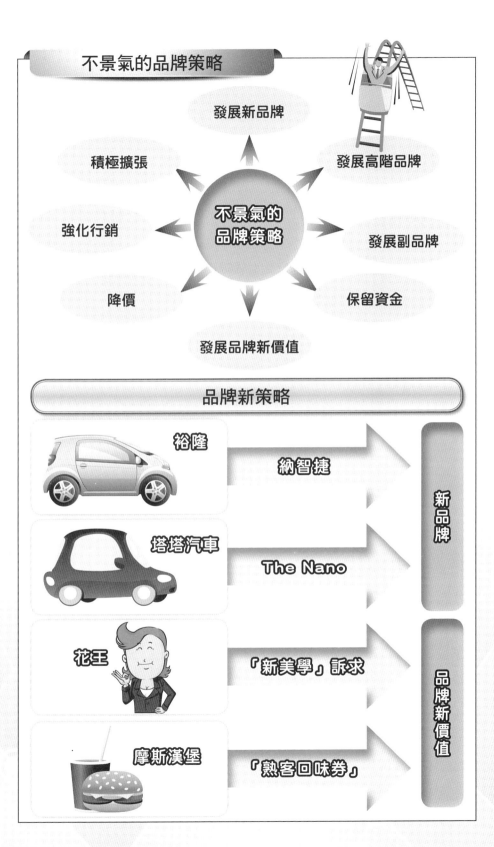

不景氣的品牌策略

發展新品牌

積極擴張

發展高階品牌

不景氣的
品牌策略

強化行銷

發展副品牌

降價

保留資金

發展品牌新價值

品牌新策略

裕隆	納智捷	新品牌
塔塔汽車	The Nano	
花王	「新美學」訴求	品牌新價值
摩斯漢堡	「熟客回味券」	

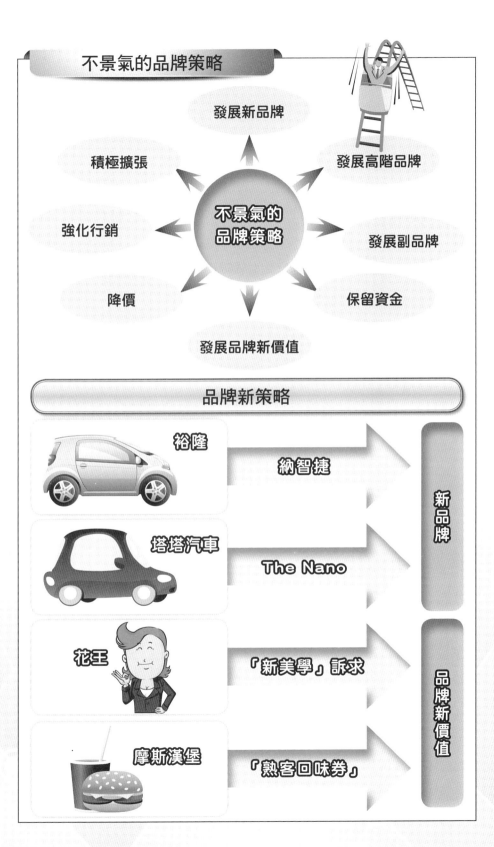

Unit 8-5
品牌定位

　　品牌定位攸關整體策略的擬定，成功的品牌，大都有其特殊的品牌定位。若一直停留在產品的思考，而沒有品牌定位，就不會知道品牌定位的威力。

一、品牌定位意義

　　透過各種方法，將公司產品與服務的總體特色，「釘」在消費者心中，形成與競爭者的品牌性質，有顯著差異的特色與形象。

二、品牌定位的面向

　　品牌定位是否成功，關鍵在消費者。消費者的認知，決定品牌定位的努力，究竟是成功還是失敗！「釘」在消費者心中，應注意五大面向→產品屬性、品牌利益、品牌個性、品牌體驗、品牌承諾。誰能將這五方面，在消費者心中打得深，打得牢不可拔，誰就是贏家！

三、品牌如何定位

　　想要將品牌或商品，嵌入消費者的心目中，就必須依靠精準的品牌定位。

　　品牌定位首先要找出本品牌的特質，或者是特別強的地方。例如，高效率的設計團隊，或高品質的商品；其次，確認這些特質優點，是否為消費者最關切的點；最後則是將這些特質組合起來，讓消費者知道。要將品牌定位傳達給顧客，則必須擬定合適的「行銷策略」（Marketing Strategy）。

四、品牌定位的步驟

　　要找出獨特的品牌定位，有五大步驟：1.確立想要發展的目標市場；2.確認競爭者，並分析競爭者定位的獨特處；3.市場區隔：依市場不同特性（地理、人口、心理、性別、年齡、行為），區分成幾個小市場。4.掌握消費者偏好：顧客如何評價競爭者、產品或品牌評價的因素（包括產品屬性、產品使用群，和產品使用情境），而這些因素必須能適當描述產品的品牌形象。5.選擇品牌定位策略。

五、品牌定位之後

　　1.以行銷策略攻取目標市場→推出與形象一致的廣告、海報、說明書、促銷活動、贊助活動、公關活動、響亮口號等行銷作為，但都要和品牌定位一致；2.監視定位：產品或品牌的相對定位，可能會隨著時間而慢慢改變，因此必須監視定位圖，定期評估定位策略，是否有重新修正的必要。

發展市場定位圖

市場分析	公司內部分析	競爭分析
趨勢 地點 組織 大小	價值 限制 名聲 資源	優勢 弱勢 目前定位

市場區隔的定義與分析 → 選擇最適目標市場區隔 → **期望的市場定位** ← 選擇強調給顧客的重點利益 ← 分析差異化的可行性

行銷行動計畫

品牌定位

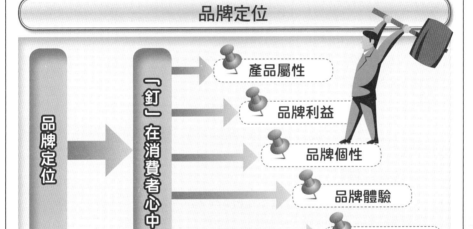

品牌定位 → 「釘」在消費者心中 →
- 產品屬性
- 品牌利益
- 品牌個性
- 品牌體驗
- 品牌承諾

品牌定位步驟

1. 確立目標市場
2. 確認競爭者
3. 市場區隔
4. 掌握消費者偏好
5. 選擇定位策略

Unit **8-6**
品牌定位策略

　　品牌定位的核心精神，主要是在消費者心中建立一個「特殊」的位置，進而以各種策略來鞏固這個位置。沒有定位，品牌經營就像閉眼睛開車，毫無方向感。可是卻又常發生品牌所定的「位置」，和消費者心中的「位置」，有所落差。那麼品牌究竟要如何定位呢？有八種策略可供選擇。

　　一、類別定位：依據產品的類別，建立起來的品牌聯想，稱為類別定位。當消費者有了這類特定需求時，就會聯想到該品牌。

　　二、利益定位（**Benefit Positioning**）：依產品所提供給顧客的特殊承諾、特殊利益，作為定位的核心。例如，原奇美集團 CHIMEI品牌的定位，強調「高貴不貴，物超所值」。

　　三、形象定位（**Image Positioning**）：依據企業經營理念作為核心。HTC品牌定位五項特質→誠實（Honest）、謙虛（Humble）、簡單（Simple）、活力（Dynamic）與創新（Innovative）。

　　四、使用者定位（**User Positioning**）：以顧客層作為定位。

　　五、競爭者定位（**Competitor Positioning**）：企業可以運用方法，和同行中的知名品牌，建立一種內在聯繫，使自己的品牌，迅速進入消費者的心裡，借名牌之光，使自己的品牌生輝。

　　六、產品類別定位（**Product/Category Positioning**）：以產品類別的差異性，作為定位主軸。例如BMW不僅是小型豪華車，也是一種跑車。

　　七、品質／價格定位（**Quality/Price Positioning**）：例如，高品質／高價位的市場定位，與低品質/低價格的市場定位不一樣。

　　八、後現代主義（**Post Modernism**）定位：後現代主義（Post Modernism）顛覆了原來市場定位與區隔，其主要定位的策略架構有五點：

　　1.去定義化（De-Definition）：放棄原來品牌的競爭優勢，重新思考與選擇新優勢的創建。

　　2.去中心化（De-Certrement）：改變原來品牌市場定位與市場區隔。

　　3.解構（De-Construction）：重新定義原來品牌的核心價值。

　　4.質的提升（Qualitative Leap）：為了達到質的提升，必須與過去操作方式進行顛覆。

　　5.斷裂式發展（Discontinuity, Disjunction）：為了達到品牌成長，可考慮在不同構面有不同的成長模式，不需在同一構面做連續性思考方式。

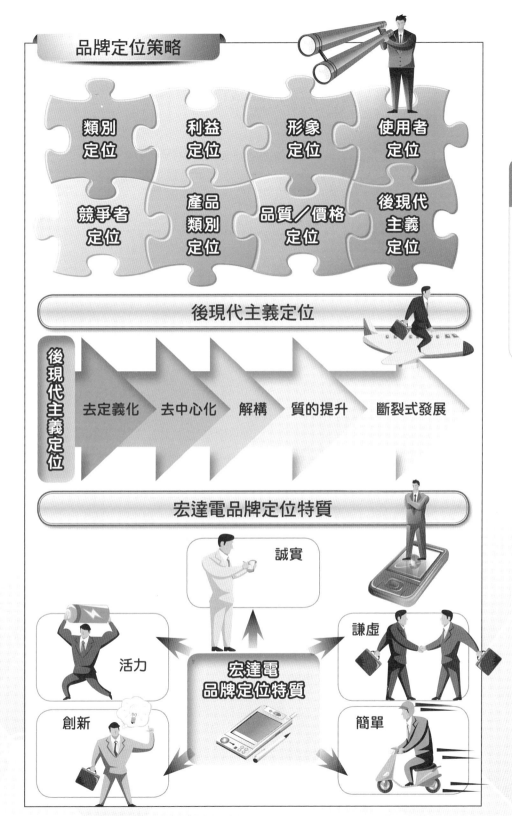

品牌定位策略

類別定位　利益定位　形象定位　使用者定位

競爭者定位　產品類別定位　品質／價格定位　後現代主義定位

後現代主義定位

後現代主義定位

去定義化　去中心化　解構　質的提升　斷裂式發展

宏達電品牌定位特質

誠實

活力

創新

宏達電品牌定位特質

謙虛

簡單

Unit **8-7**
品牌定位的錯誤與陷阱

即使是好的產品，定位如果錯誤，常常也會造成辛苦的開發產品，卻無法賣出去，而影響品牌收益。

一、視覺覺醒（Visual Awakening）：以視覺化的圖像，表現出企業的策略輪廓與產品定位，兩者之間的差距。

二、品牌定位的陷阱：1.在品牌定位尚未建立好下，急於建立品牌意識；2.促銷某些消費者並不在乎的品牌特質；3.大力投資在易被模仿的差異點；4.刻意回應競爭，與所建立的定位漸行漸遠；5.輕忽要達到品牌重定位的難度。

三、缺失的品牌定位：企業的品牌定位策略，應避免的錯誤如下：

(一) 定位過低：定位低的企業，缺點是很難維持多品牌策略，結果變成公司名稱等於品牌的構造。

(二) 定位過高：定位高的企業，如果不採品牌策略，就無法獲得維持多樣化的消費者，以確保高市場占有率。

(三) 定位認知不一致：不同層級的員工，對品牌定位的認知不同時，就很難朝共同目標一起努力。

(四) 定位不明確：品牌定位不明確，就很難有清晰記憶，更難產生認同，即使投入大量的廣告宣傳費用，也很難產生好的效果。

(五) 定位互相衝突：企業未考量本身優勢，品牌定位脫離現實，以致於淪為無力達成的空想，甚至出現互相衝突的訴求（什麼都想追求）。例如，同時強調堅持最好食材、最高品質、最低價錢與最好服務的餐廳，其品牌定位便互相衝突。

(六) 分不清定位、區隔與廣告：企業將定位、區隔與廣告混淆，甚至認為廣告中的訴求，就是定位。

(七) 將產品視為定位：將所生產的產品視為定位，自認為賣什麼產品就是什麼定位。這其實是以偏蓋全，無法真實反映品牌定位的全貌。

四、品牌定位調整的時機：隨著經營環境變化或目標顧客行為轉移，企業每隔幾年都應重新省思品牌定位與論述並加以調整。如，7-Eleven從「你方便的好鄰居」、「有7-Eleven真好」，調整為「Always open, 7-Eleven〈總是打開你的心〉」。

五、重定位（Repositioning）：修改原先企業所提供的服務屬性、特色，重新定義目標市場。可以透過廣告來改變消費者知覺，期望改善負面的品牌知覺，亦可從既有定位，找到創新的面向。原來是中國大陸最有價值的第一轎車品牌「紅旗」，50年的延續和發展，確立了尊貴、安全、權力和大方的象徵。不過由於「紅旗」主動放棄多年來，形成的高級車形象，模糊了長久以來的品牌定位，進入所謂的中級車的市場。又因市場銷路不好時，於是又頻頻降價，因而使得中價位也沒守住，反而滑向低檔經濟型轎車。

品牌定位陷阱

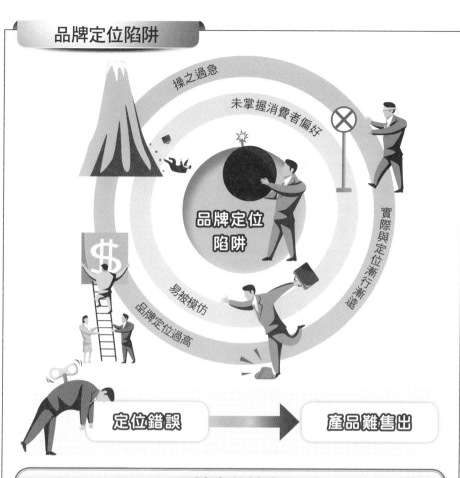

操之過急

未掌握消費者偏好

品牌定位陷阱

實際與定位漸行漸遠

易被模仿

品牌定位過高

定位錯誤　➡　產品難售出

183

品牌定位缺失

定位過低

定位過高

定位認知不一致

定位不明確

定位相衝突

定位、區隔與廣告等混淆

將產品視為定位

品牌定位缺失

Unit **8-8** 品牌授權

品牌授權被視為21世紀，最有效的商業模式，是企業獲利的金雞母。

一、品牌授權意義

品牌經由其授權，而取得商標、圖像設計以及商品名稱、品牌的使用權利。如迪士尼公司將自己所擁有的商標或品牌等，以合約方式授予「被授權商」（Licensee）使用。被授權商必須按照合約規定，從事經營活動（生產、銷售或提供某種服務），並且向授權商，支付相對應的費用（即權利金）。同時，授權商則給予被授權商，包括品牌經營方面的指導與協助。

二、品牌授權目的

憑藉品牌授權者的知名度，和良好的品牌形象、經營理念，能夠以較低成本、較快速度、較低風險，讓產品進入市場並被接受，因此可提升商品的銷售額與盈利率。

三、品牌授權的分類

(一) 直接接洽型：憑藉豐富的經驗與人脈，廠商自行與品牌所有者接洽。其中合作的關係又可分該廠商為：1.代理商：純粹進口商品。2.中間型：為了因應市場，可要求商品修改。3.被授權廠商：可因應當地需求，生產適合的商品。

(二) 直屬分公司型：被授權者透過各品牌的母公司，在臺灣所設立的分公司，直接與該分公司接觸，以取得授權。

(三) 授權總代理型：授權總代理商負責一個，或多個授權來源母公司，負責幫國外品牌擁有者，尋找不同產品領域，需要授權的臺灣廠商。

(四) 授權總代理兼轉包型：授權總代理商會在自己專精的領域經營該品牌，並將其他產品領域授權給臺灣地區其他廠商經營。

四、品牌授權

對於有企圖心的廠商，品牌授權只是階段性做法，目的在吸取品牌經營知識，累積本身的資源與能力，強化日後發展的實力與競爭力。

(一) 選擇品牌授權：廠商在選擇品牌授權合作對象時，應考量1.品牌擁有者的品牌權益高低；2.授權時間長短；3.提供的品牌支援；4.權利金數量多寡；5.控管方式；6.對被授權者權利義務的要求。

(二) 被授權者的自我考量：市場需求的衡量、所需要的產品、目標消費群的設定、本身的企圖心與能力、過去的合作經驗等，將種種相關的條件集合起來，尋求最恰當的組合。

(三) 單一品牌或多重品牌授權。

品牌授權分類

- 直接接洽
- 直屬分公司
- 授權總代理
- 授權總代理兼轉包

品牌授權

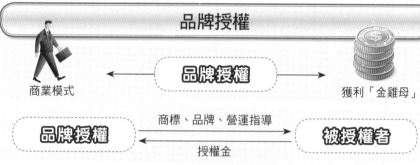

商業模式 ← 品牌授權 → 獲利「金雞母」

品牌授權 ← 商標、品牌、營運指導 / 授權金 → 被授權者

選擇品牌授權

品牌權益	授權時間
品牌支援	權利金
管控方式	義務

選擇品牌授權

知識補充站

單一品牌或多重品牌授權

授權者由於自身的利益與競爭的考量，常常採取一對多的授權。被授權者因擔心授權期限屆滿，權利即被收回，或是在權利金的多寡，與被授權者權利義務的要求上，沒有談判優勢。此外，授權者不斷經品牌細分後，再授權出去時，如皮爾卡登即是一個很明顯的例子。

Unit **8-9**
品牌再造

很多企業百思不解的是，為什麼產品品質沒有問題，但是市場需求卻嚴重萎縮？這主要是因為品牌老化！

一、品牌老化的原因：1.品牌價值認同降低；2.產品缺乏創新；3.產品跟不上時代潮流與節奏；4.新產品得不到消費者認可；5.顧客結構老化；6.競爭品牌崛起；7.品牌與消費者需求發生脫節；8.廣告策劃和媒體傳播失焦；9.品牌形象日趨模糊；10.市場占有率逐步被競爭品牌蠶食。

二、品牌再造的過程：既然品牌老化的問題盤根錯節、錯綜複雜，所以品牌再造，就如同百年古蹟修復，必須小心翼翼地作總體考量，而不是頭痛醫頭、腳痛醫腳。須經過一番全面性的深入了解後，再決定總策略架構。在此策略架構之下，繼續對各個部分進行處理。

三、品牌再造的策略：天下沒有一種商品能永遠流行，要使老品牌越老越茁壯，關鍵就在於必須不斷跟著社會潮流變遷，推出對的新商品，以及有特色的行銷和服務，讓消費者接受、肯定。老品牌如何重新崛起、再現輝煌，重要策略有四：1.將著眼點從注重品質和功能性，轉移到品牌形象的重塑；2.調整溝通（從機能的設計、外觀的創新、品牌的廣告、代言人的選擇，甚至售後的服務），使老品牌有新的感動，讓消費者感受到企業所傳遞的品牌情感，重新啟動消費者對品牌新的熱情；3.進行全方位的總體設計，讓消費者「體驗」新的品牌價值；4.創新研發：如賈伯斯為蘋果公司，推出時尚風格的新產品。

四、品牌再造的個案：藉由品牌改造的案例，來說明品牌改造的重心。

(一) 櫻花公司：成立於1976年的櫻花，與消費者的溝通多半局限在服務或功能面的訴求。後來透過消費者調查研究，發現消費者對品牌的認同已轉移，不再取決於功能性的訴求，因此從情感面開始建立消費者對品牌的認同。同時建立主動的服務，來取代被動等客戶發生問題才進行服務，以及加值的服務（永久免費換網），並特別賦予維修的安檢服務人員，以「安全守護隊」的使命。在通路上，櫻花設立櫻花廚藝生活館；在既有的經銷通路點，則以專櫃的方式，展示新的櫻花商品。

(二) 阿瘦皮鞋：擁有50多年老品牌的阿瘦皮鞋，對內爭取向心力的結合，對外則展現活力，取新潮的英文名字「A.S.O」，改變行銷風格，電視廣告不僅大打名模牌，還為品牌編了一首取其諧音「You are so beautiful」的歌曲。其他重要行銷如：1.CI的變更；2.《台灣阿瘦》出刊；3.舉辦活動（如週年慶等）；4.形象廣告（如策略性品牌活動）；5.產品廣告（如顧客的心聲）；6.健走活動；7.創新產品的推出（如奈米抗菌鞋）。

品牌老化

品牌老化

① 品牌價值認同降低

② 產品缺乏創新

③ 產品跟不上潮流

④ 產品得不到消費者認可

⑤ 顧客結構老化

⑥ 競爭品牌崛起

⑦ 品牌與需求脫節

⑧ 廣告策劃與媒體傳播失焦

⑨ 市場占有率下滑

品牌再造策略

品牌再造策略

- 重塑品牌形象
- 創新研發推出新產品
- 調整溝通
- 體驗品牌新價值

  - 廣告
  - 通路
  - 歌曲
  - 包裝
  - 形象

阿瘦皮鞋品牌再造

CI改變

出刊《台灣阿瘦》

形象廣告

贊助健走活動

產品廣告

推出新產品

舉辦活動

Unit **8-10**
精品業與服務業 —— 品牌再造個案

一、Coach品牌再造

　　Coach誕生於1941年，品牌再造是由品牌來引導企業，為了精準抓住消費者的需求，每年在全球進行2萬人的消費者市調，以準確規劃下一年度的設計款式與生產數量。進而將品牌重新定位為「能輕鬆擁有的年輕奢華品」，在這個核心概念下，建構新產品理念，即Fan（快樂的）、Feminine（女人味的）、Fashionable（時尚的）。

　　Coach從製造、定價到通路，從前端的製造，到後端的通路與行銷，由裡到外徹底整合價值鏈。此外則大幅降低成本（生產線拉至中國、印尼與土耳其等勞動力低廉的國家），採低售價，將省下來的資源，分配到品牌行銷，以塑造高級品牌的形象（毛利每多賺100元，就有37元用於「設計、銷售與廣告行銷」）。

二、亞太電信品牌再造

　　亞太電信的品牌再造，是先推出全新「A+亞太電信」企業識別；在品牌廣告方面，則邀請人氣球隊台啤籃球隊，擔任年度代言人；在新的服務上，則製作出完全個性化的私房鈴聲DIY、真人語音天氣預報、提供用戶可在網路端儲存、管理與備份個人通訊地址資訊服務的手機備通；以手機方便、即時、快捷獲取網路上，各種資訊與娛樂的RSS新聞直達車等，讓用戶享受更豐富的行動樂趣。

三、摩托羅拉品牌再造

　　創立於1928年的摩托羅拉（Motorola），原本是一家賣電池整流器的公司，1950年，它已經是軍事、太空、商用通訊的領導者。1983年，摩托羅拉發明了無線通訊系統設置；1996年，發明可攜帶式電話。摩托羅拉一直是行動通訊的領導者，直到1997年，因為忽視市場的變化，而拱手將寶座讓給Nokia。

　　品牌再造從2005年開始，將自己的名字減去一半，從Motorola變成MOTO；推出極具設計感的系列手機，改造品牌形象（全球300位設計團隊人員），在簡單、豐富、誠實及驚嘆等四大設計原則下，用繽紛、經典、柔和及基本為四大色系，持續推出讓消費者驚豔的高辨識度系列手機。例如V3就是以稜角分明的造型取勝，突顯強烈、鋒利及有力的設計感，而U6則是主打圓潤的風格，強調柔軟、細緻及曲線；重新定位→改變自己不再是一家通訊公司而已，而是一家提供「無縫隙」移動服務的公司；旗艦店採用創新設計、互動布局，為消費者呈現全線產品的展示體驗區域；推出新形象廣告；找到強大策略聯盟（微軟、蘋果、Oakley、雅虎以及Cingular），將行動電話轉變為全能的消費電子產品，把高速上網、儲存個人音樂、播放電視節目、提供衛星定位，甚至無線信用卡功能集於一身。

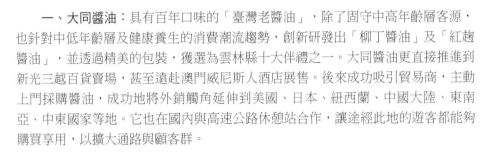

Unit **8-11**
食品業 ── 品牌再造個案

一、大同醬油：具有百年口味的「臺灣老醬油」，除了固守中高年齡層客源，也針對中低年齡層及健康養生的消費潮流趨勢，創新研發出「柳丁醬油」及「紅麴醬油」，並透過精美的包裝，獲選為雲林縣十大伴禮之一。大同醬油更直接推進到新光三越百貨賣場，甚至遠赴澳門威尼斯人酒店展售。後來成功吸引貿易商，主動上門採購醬油，成功地將外銷觸角延伸到美國、日本、紐西蘭、中國大陸、東南亞、中東國家等地。它也在國內與高速公路休憩站合作，讓途經此地的遊客都能夠購買享用，以擴大通路與顧客群。

二、統一糕點：有30年歷史的統一糕點品牌，推出新品牌「統一蛋糕屋」，在議題行銷上，首波以情人節商品為主，第二波在2009年母親節，將熱銷款蛋糕的包裝全部換新，以較卡哇伊的LOGO，走年輕可愛路線，營造吃蛋糕的幸福感，企圖改變統一老字號的形象，以提升統一蛋糕的質感，貼近年輕族群。

三、奇華餅家：以傳統港式月餅著名的奇華餅家，新創「奇禮」品牌，以年輕人喜愛的新口味、現代感包裝，另闢新戰場；為增加與年輕消費者的接觸，通路策略更從原先的獨立門市，轉進百貨專櫃。根據消費者調查顯示，透過奇華餅家這些策略的轉變，奇華消費客層平均年齡已經從35歲到50歲為主，降至25歲到45歲。

四、京都念慈菴：將品牌重新定位為「保養喉嚨與淨化呼吸道」；改變產品造形（瓶裝變鋁箔包裝），推出喉糖式的京都念慈菴，以方便消費者的攜帶。在品牌廣告中，將家喻戶曉具文化內涵的「孟姜女哭倒長城」故事，與京都念慈菴充分結合，使消費者想到該文化典故，就想到京都念慈菴的品牌。

五、台塩：具有一甲子年歲的台塩，其品牌再造除了品牌廣告之外，特色如下：1.推出新產品：綠迷雅膠原蛋白、海洋生成水，並在七股鹽山興建「不沉之海」，泡完了，還可以減肥，吸引許多消費者。2.誘人價格：一個企業降低20%的營業成本很難，台塩卻在一年之內降到36%，所以台塩可以用最低價與全球競爭。3.服務創新：設有24小時全年無休客戶服務專線（0800230990），顧客只要一通電話，就能得到全國服務、全面服務。台塩也要求員工，客戶的電話絕不能響過三聲，要立刻回應客戶的需求。若找的人不在，也要留下電話，以便回電，切勿讓顧客再花第二次的電話費，必須一次電話就把事情解決。4.具特色的行銷：全球第一個把鹽山拿來雕刻，2013年更打造全臺唯一的鹽巴樂園，更聘請國際知名大師參與鹽雕設計。在鹽山做壁畫，舉辦鹽雕比賽、建鹽屋、鹽泥按摩池等，以吸引消費者來此觀光、拍婚紗照。5.策略聯盟：台塩和國軍英雄館攜手合作，成立第一家以美容護膚SPA為主的旗艦店。

品牌提升的指導原則

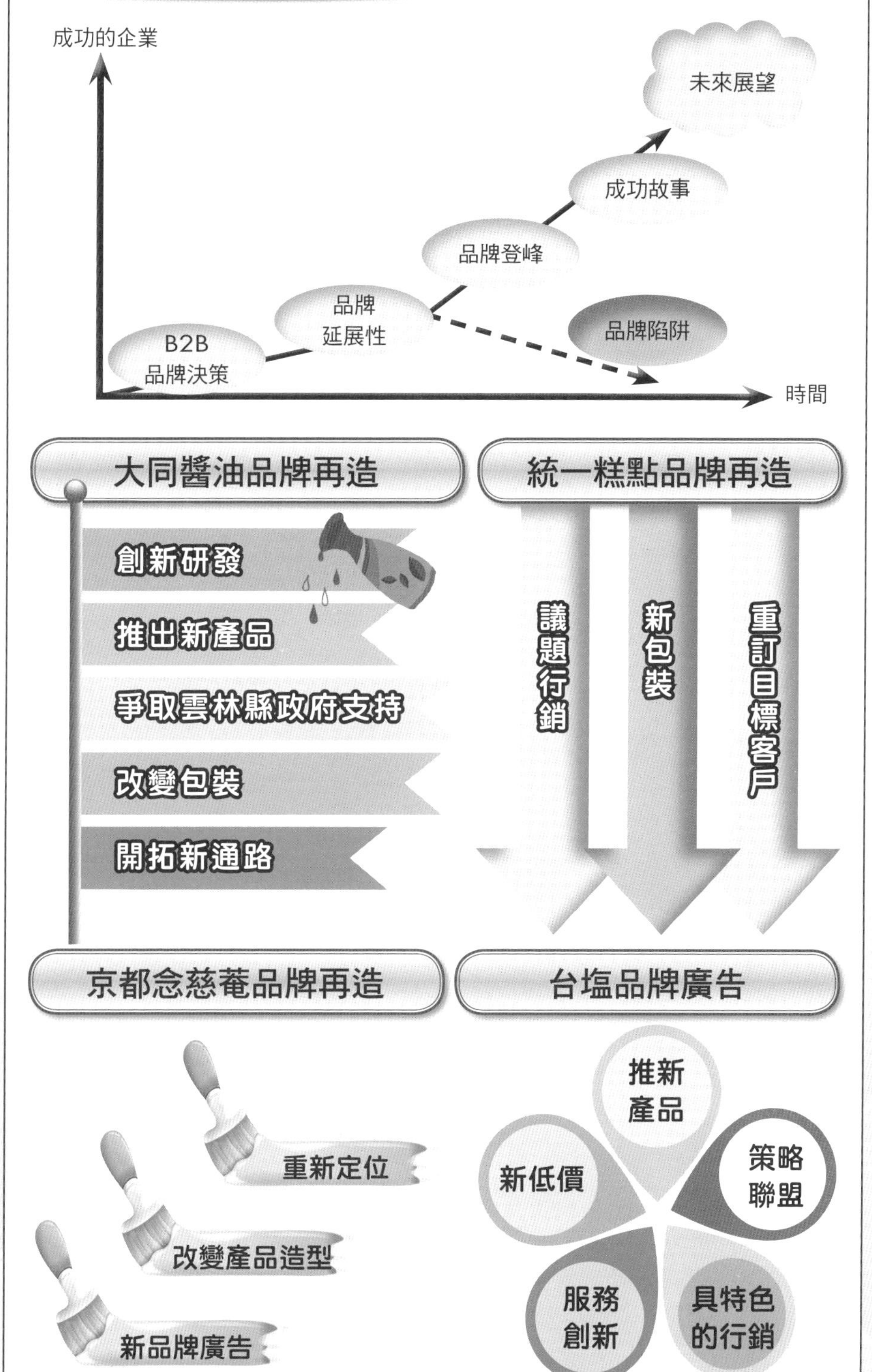

成功的企業

未來展望

成功故事

品牌登峰

品牌
延展性

品牌陷阱

B2B
品牌決策

時間

大同醬油品牌再造

創新研發

推出新產品

爭取雲林縣政府支持

改變包裝

開拓新通路

統一糕點品牌再造

議題行銷

新包裝

重訂目標客戶

京都念慈菴品牌再造

重新定位

改變產品造型

新品牌廣告

台塩品牌廣告

推新產品

新低價

策略聯盟

服務創新

具特色的行銷

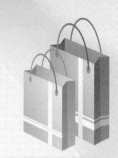

第 **9** 章

品牌溝通

●●●●●●●●●●●●●●●●●●●●●●●●●●●●●●● 章節體系架構

Unit **9-1**
多面向的品牌溝通

　　品牌是產品的靈魂，也是溝通的結果。當品牌經過適當的行銷與刻意營造，品牌會觸發消費者心中，強烈的情感，進而強化他們對於產品的忠誠度，而這種忠誠度，有時甚至可以持續一輩子。

　　一、品牌溝通的目的：消費者信任；傳遞品牌承諾給消費者。

　　二、溝通的重要性：品牌建立要靠持續的「溝通」，一個好的品牌，就像一本好的小說或一首好詩，能夠將人類複雜的思緒，轉化為簡單的語言。

　　「溝通得當」，將能讓品牌在消費者心中，建立出不被遺忘的地位，並保障品牌的市場占有率，以及消費者忠誠度。

　　三、溝通的迫切性：1.消費者意見能快速集結→全球各地消費者個人意見，能迅速傳播並集結成勢，產生壓力。一旦是負面印象集結，對品牌將是重大傷害。2.新產品存活率→美國產品發展管理協會（PDMA）調查顯示，新產品平均失敗率為41%，這是因為多數企業，並未做好與消費者溝通。3.品牌成功關鍵→2013年4月15日「歐洲行銷之父」夏代爾來臺演講，指成功品牌最重要的關鍵，第一是「關係」、第二是「溝通」，而亞洲品牌最缺乏溝通。

　　四、溝通工具：希望塑造值得信賴、形象清新、信用可靠、具親切感的品牌形象，可用的工具涵蓋報紙、雜誌、宣傳品、廣播、電視、公關、廣告、互動行銷、24小時新聞台、網際網路。在行動策略上，譬如愛心捐獻、員工服務熱情、產品口味、店內環境、店內音樂等，都是關鍵。

　　五、溝通對象：企業相關的利害關係人，包括投資大眾、主管機關、供應商、通路商、消費者、員工、媒體等溝通，卻是必要條件。

　　六、溝通重心：從「顧客的感覺」出發，從「顧客的感覺」來整合，並由此進行品牌行銷、品牌溝通，以及建立企業形象。

　　七、對外溝通目標：建立消費者對品牌的記憶、理解、認知、態度、偏好，以及塑造品牌形象、產品形象。

　　八、溝通計畫：設計正確的品牌溝通語言，應從不同立場與角度探索消費者認知、經驗、價值觀和需求。品牌溝通計畫的框架，應該包括：溝通主題、溝通文案、溝通影像、品牌網站、產品型錄、創意表現、行銷整合方案、目標與進度控制。

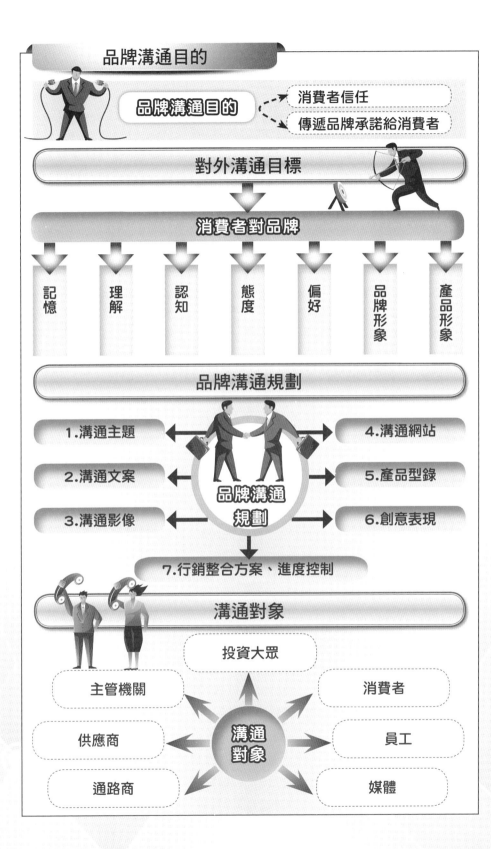

品牌溝通目的

品牌溝通目的 ┈┈> 消費者信任
┈┈> 傳遞品牌承諾給消費者

對外溝通目標

消費者對品牌

記憶　理解　認知　態度　偏好　品牌形象　產品形象

品牌溝通規劃

1.溝通主題　　　　　　　4.溝通網站

2.溝通文案　　品牌溝通　　5.產品型錄
　　　　　　　規劃
3.溝通影像　　　　　　　6.創意表現

7.行銷整合方案、進度控制

溝通對象

投資大眾

主管機關　　　　　　消費者

供應商　　溝通對象　　員工

通路商　　　　　　　媒體

Unit **9-2**
品牌對外溝通的五大支柱 ── 品質

企業在全球化及微利化的時代，發展品牌是永續生存重要之路。發展品牌就一定需要溝通，但如何溝通呢？前述章節分別談到識別系統、廣告、代言人等，這些都是溝通的重要手段，但溝通的本質與支柱，則是更為關鍵。

一、品質是對外溝通的根本關鍵：品牌的重心就是消費者，消費者接觸的產品或服務品質，是品牌成功之鑰。根據2008年經濟部的調查顯示，不同年齡層、不同性別者，在挑選品牌時，最重視的因素，「品質」居首。

二、品質可歸納為兩類：設計（design）品質與符合要求（conformance）的品質。1.設計品質：設計品質是設計者想把商品，或服務的某些特徵，加入或刪除。例如，汽車用途是運輸，但不同品牌在大小、舒適度、省油程度、外觀等都有不同，設計者的決策，皆會影響設計的品質。2.符合要求的品質：消費者所需的是合理品質水準，和合理的價格。(1)外觀；(2)操作；(3)可信賴度。

三、品質創新的迫切性：由於全球化的競爭，因此，品質提升的速度極快。如果無法創新與研發，持續提升品質，恐將被市場所淘汰。

四、超越競爭對手品質途徑：參與國際性主題研討會；參加他人新產品發表會；參加商展；參與政府所提供的輔導與諮商；建立嚴格的品質流程管理系統；成立品質改善小組；大力投入研發創新。

五、品質創新研發的功能：經營品牌沒有捷徑，唯有不斷研發與技術創新，才是堅實的後盾。以創新研發的方式，維持品牌優勢。其作法可積極地與專家學者（育成中心）合作，改良研發新技術、強化產品品質、提供最高品質的產品給消費者，並透過專利申請、加高產業的進入障礙、創造產品差異化、降低競爭者的威脅，藉以保護自有品牌的長期發展。

六、品質管制：品質管制包括設計管制、進料管制、製程管制、成品管制。

七、品質創新類別：創新的定義→「一項新的概念、方法、設備，或是產生新產品的流程」。品質創新可分為突破性的創新（Radical Innovations），與漸進式創新（Incremental Innovations）。創新可以被應用到產品創新、服務創新、程序創新、營運模式創新、策略創新（定價、通路）。

八、衡量創新的變數：創新品質可以透過數量、績效、有效性、特色、可靠度、時間、成本、對顧客的價值、創新的程度、複雜度等變數來衡量。

九、經營創新重要指標：衡量企業經營創新指標，指1.員工的接受度；2.對顧客需求的了解度；3.專利權；4.創新性產品的替換率；5.創新企圖。

品質創新

品質創新 ┄┄➤ 突破性創新

┄┄➤ 漸進式創新

創新應用

產品創新

服務創新

策略創新（定價、通路）

營運模式創新

程序創新

衡量經營創新指標

① 員工接受度

② 對顧客需求了解度

③ 專利權

④ 創新性產品的替換率

⑤ 創新企圖心

超越對手品質途徑

超越對手品質途徑

➤ 參與國際性主題研討會

➤ 參加他人新產品發表會

➤ 參加商展

➤ 參加政府輔導、諮詢

➤ 嚴格品質流程管理系統

➤ 成立品質改善小組

➤ 研發創新

案例　LV皮箱 & 瑞士伯爵錶

　　LV品牌的皮箱，在經歷鐵達尼號沉船意外後，撈起來，卻發現皮箱滴水未進！

　　在電子錶盛行的時代，瑞士伯爵錶能成為碩果僅存的品牌，就是因為它的精密機芯（2.3毫米）及上乘品質，所塑造出尊貴品牌的特色。

Unit **9-3**
品牌對外溝通的五大支柱 ── 服務

「服務」一詞廣義延伸，置放在任何產業與商品之上，「服務」指涉的是一種「顧客體驗」，也是一種「市場區隔」。

一、服務品質構面

服務品質三大構面，即1.互動品質→態度、行為、專業知識；2.環境品質→周遭的影響因素、整體外觀的設計、其他社會因素等；3.結果品質→等待的時間、有形的設備，以及顧客的態度表現。

二、服務品質問題

銷售前，常發現品牌組織的問題，即1.業務人員缺乏銷售高附加價值的服務能力。2.產品事業單位與服務事業單位，相互掣肘。3.服務流程設計過於繁複，沒有效率，顯得不夠流暢。4.針對個別客戶，進行客製化解決方案成本太高。5.所需新知識與新能力，無法順利引進舊組織。

三、服務品質的衡量指標

衡量服務品質的指標→接近性（Accessibility）、溝通性（Communicate）、勝任性（Competence）、禮貌性（Courtesy）、可信性（Credibility）、可靠性（Reliability）、反應性（Responsiveness）、安全性（Security）、有形性（Tangibles）、了解顧客（Understand the Customer）、關懷性（Empathy）。

四、服務品質是關鍵

一位滿意的顧客，最多會告訴6個人，他愉快的消費經驗；一位不高興的顧客，卻至少會通報15個人。當品牌專攻某層級的客戶，一旦取得此客層的背書和推薦，便會產生「葡萄法則」，大戶一個拉著一個來，就像一串葡萄。

五、強化第一線員工能力與權力

以iPhone行銷成功為例，其實是整個蘋果公司（Apple Inc.）的努力。但如果和消費者接觸的門市人員，出現專業不足或瑕疵，那麼公司行銷活動，能和消費者體驗一致嗎？

此外，消費者提出的每一項要求，服務人員的答覆都是，「我必須請示一下」，消費者會滿意嗎？員工會滿意嗎？因此，在制度上應當賦予第一線員工，有足夠處理問題的權力，讓他們有權處理個別顧客的特殊需要與問題。

服務品質構面

互動品質	環境品質	結果品質

服務品質指標

了解顧客

服務品質指標

接近性	溝通性	勝任性	禮貌性	可信性	可靠性	反應性	安全性	關懷性

服務品質問題

服務能力不足　單位相互掣肘　服務流程太複雜　客製化成本太高　新知識未能引入

✎ 案例 台塩

　　台塩為了留住熟客，吸引新客，台塩就打出「不止寵愛顧客，而且要溺愛顧客」的服務訴求，來提升品牌核心價值的極大化。

Unit 9-4
品牌四大服務缺口

一、品牌四大服務缺口

(一) 期望缺口：服務傳遞過程，品牌與消費者外部溝通間的差距。缺口原因→品牌廣告或其他溝通工具的運用，會影響消費者對服務的期望。當期望超越品牌實力的承諾，消費者實際接受到的服務，無法達到其所預期的水準時，便會降低消費者對服務品質的認知。

(二) 認知缺口：消費者期望的服務，高於管理者知覺的消費者期望，所造成的服務差距。缺口原因→此一缺口乃因缺乏對消費者，真正需求價值的了解，而影響消費者對服務品質的知覺。

(三) 轉換缺口：管理者對消費者期望的知覺，與管理者將知覺，轉換為服務品質規格之間的差距。缺口原因→雖了解消費者某些需要，但是由於環境的限制，使得管理者無法提高品質服務水準，因而產生了差距。

(四) 傳遞缺口：管理者將知覺轉換為服務品質的規格與服務，可是傳遞過程間出現差距。缺口原因→員工無法達到服務績效的標準，因而影響消費者的認知。

二、補滿服務缺口的策略

(一) 超值體驗：《只有服務是不夠的》這本書的作者強納森，長期觀察、深入各產業進行消費者研究與分析，並提出「與顧客建立長久、穩固關係的唯一方法，就是提供他們獨特、印象深刻、愉快、舒適且深具價值的體驗」。

(二) 接觸管理：接觸管理是指在某一個時間、地點，或某種狀況下，企業可以決定何時（When）、如何（How）與消費者接觸，及接觸的內容（說什麼內容，What should be said）、接觸的方式、要和消費者溝通什麼、及所訴求的主題（What）。品牌企業可以利用各項調查，來掌握品牌接觸點，以確實遵守承諾。如果每一個「關鍵時刻」都是正面的，顧客忠誠度就會強化，進而為企業創造源源不絕的利潤。

(三) 制度化與標準化：顧客的滿意服務，除了服務人員心態與技巧外，更需要服務流程的制度化與標準化，才能有效支撐品牌承諾的踐履。例如，品牌企業對於處理議題的速度與方式、處理客訴抱怨的授權、快速回應的能力、對顧客的尊重與信任等方面，都可以讓消費者印象深刻，甚至感動。

(四) 創新策略：《黃金服務 15秒》（*Good service is good business.*）一書指出，擄獲96%顧客的心，只有在最初接觸的黃金15秒。該書提出「SERVICE」七項創新客服新策略：S→自我尊重（Self-esteem）；E→超越期望（Exceed Expectation）；R→補救與復原（Recover）；V→願景（Vision）；I→提升品質（Improve）；C→關懷（Care）；E→授權（Empowerment）。

(五) 強化員工能力，並深入本企業之品牌精神。

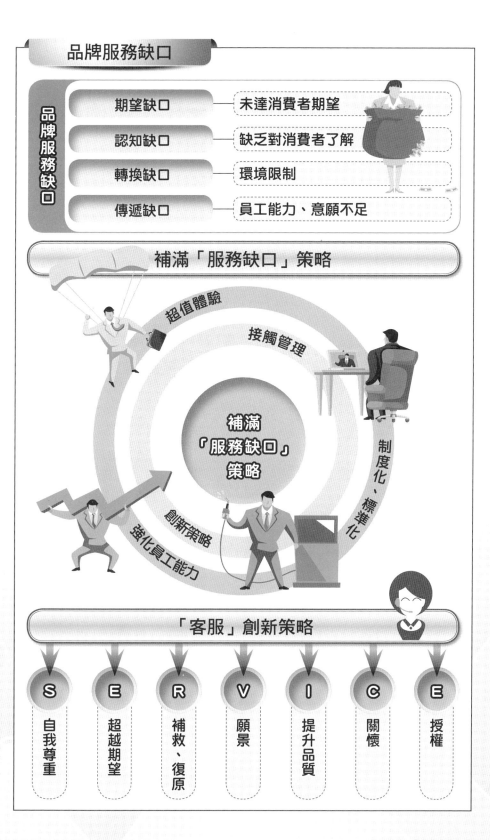

Unit 9-5
品牌對外溝通的五大支柱 —— 品牌聲譽

一、品牌聲譽（Brand Reputation）的重要性

品牌聲譽對於購物抉擇，有絕對的影響。消費者為什麼會購買該產品，這是基於對公司的信任。為什麼公司可以信任？品牌聲譽是關鍵！有了品牌聲譽，就會有較高的品牌忠誠度、品牌認同度、市場占有率。

品牌聲譽＝品質保證

二、品牌聲譽的由來：理想品牌，是在產品搶占通路貨架的同時，也要搶占消費者心理的貨架。為此，除了重視品質外，永續經營的品牌企業，會將誠信正直、信守對利害關係人的承諾，以及社會責任列為品牌核心價值。譬如，關懷弱勢團體、捐助救災、響應人道救援載運物資、推動藝文及體育運動等。

三、品牌聲譽的內涵：1.產品品質是品牌聲譽的根本；2.實踐對消費者的承諾；3.企業倫理。茲針對後面二項，說明如下：

1. **實踐對消費者的承諾**：【例一】保力達公司的「毒蠻牛」、金車飲料公司伯朗咖啡的「中毒」事件，都突顯公司寧願賠錢，也要重視消費者健康的誠實、負責品牌精神與核心價值。【例二】2007年3月6日，國內第一大網路書店博客來的相機館，甫開張沒多久，即發生價格標錯價事件，原價3,830元的2G SD記憶卡，竟然只要1,520元；1G的記憶卡從原價1,520元變成650元，網友們乃呼朋引伴下單搶購，短短3個小時湧入近300筆訂單。博客來的處理方式，讓網友們大幅提高對博客來的好感與忠誠度，成功地化危機為轉機。

2. **企業倫理**：【例一】以王品集團為例，宣導「送玫瑰把愛傳出去」的理念，來鼓勵大家關心身邊的人；「熱血青年站出來」，鼓勵捐血救血庫；「知書答禮」來幫助偏遠地區等人文關懷。【例二】2009年1月 15日下午全美航空公司（U. S. Airways）一架客機，從紐約拉瓜迪亞機場起飛不久，疑因吸入鳥群，造成兩具引擎同時故障。在此極度危險的狀況下，機長蘇倫柏格（Chesley B. Sullenberger III）即聯絡塔台，告知「遭受鳥擊」，引擎失去動力。機長眼見無法折返拉瓜迪亞機場，距離其他可降落機場又遠，當機立斷轉向哈德遜河（Hudson River）迫降，並以廣播告訴乘客「提防衝擊力道」，隨後客機緩緩朝河面滑降。這次能夠成功平穩迫降，全仰賴機長蘇倫柏格（Chesley B. Sullenberger III）個人飛行經驗和沉著應變，以機尾式降落，避免機身解體造成更大傷亡，成功帶領154人死裡逃生！美國媒體將他譽為「哈德遜英雄」，其中最令人欽佩的是，機長先讓 154名乘客和機組人員，全部離開機艙後，還在機艙內來回巡視兩次，確保機艙內沒有其他乘客，最後才撤離。

品牌聲譽效益

品牌認同度

品牌聲譽效益

市場占有率

品牌忠誠度

品牌聲譽內涵

品質

實踐對消費者承諾

企業倫理

維護品牌案例

維護品牌案例

實踐承諾

保力達 → 處理「毒蠻牛」事件

金車飲料 → 處理中毒事件

博客來 → 處理標錯價事件

企業倫理

王品集團 → 把愛傳出去

→ 知書達禮

→ 熱血青年站出來

全美航空 → 哈德遜河迫降

Unit **9-6**
品牌對外溝通的五大支柱 —— 品牌承諾

一、品牌承諾（Brand Promise）功能

消費者行為是以消費者決策過程為中心，此決策過程包括需求認知、資料蒐集、方案評估、購買消費（包括是否購買、何時購買、購買什麼等相關問題）、購買結果等五個階段。消費者在資料蒐集、方案評估時，品牌承諾扮演重要角色。

二、品牌承諾重要來源

品牌承諾的成敗，關鍵在於能否烙印在消費者的心中。1.消費者所重視的要素：這可以透過外部市場，及消費者的調查，客觀了解顧客真正的需求，以便精確建立在消費者需求上的品牌承諾。2.企業核心價值（Key Success Factor, KSF）：飛利浦將「Sense and Simplicity」的品牌核心價值與承諾，當作公司每一項作業和產品的衡量準則，以確保其致力提升消費者生活品質的保證。3.創業家本身價值與企圖心。4.趨勢分析：透過趨勢掌握消費者，目前及未來的需求。

三、品牌對於消費者有什麼承諾？品牌對於消費者保證什麼？

這可以從三個角度區分，分別說明如下：

(一) 企業本身：品牌所提供的承諾，必須是企業做得到，且可以讓顧客感受得到的。例如聯邦快遞（Fedex）「使命必達」的承諾，絕對保證委託的包裹，能安心即時送達。

(二) 競爭者角度：品牌承諾不可與競爭品牌，過於類似，以免沒有差異性。而且過於相似的承諾，並不能為品牌加分。

(三) 消費者角度：所做的承諾，一定是要消費者在乎的，否則就白做了！

四、品牌承諾訴求

可分類為產品面、服務面、態度面、價值觀、生活型態、未來期待等不同角度訴求。

(一) 產品面：例如ASUS的「華碩品質，堅若磐石」；有的是提供消費者「全球保固」的服務。

(二) 服務面：例如王品牛排的「只款待心中最重要的人」。

(三) 態度面：例如Nike的「Just do it」。

(四) 價值觀：例如Nokia的「科技始終來自於人性」。

(五) 生活型態：例如Panasonic的「Ideas for life」。

(六) 未來期待：例如Hitachi的「Inspire the next」。

中國自主品牌公務車一汽集團承諾，為客戶提供包括四年10萬公里的品質保障、擔保期內養護零成本等。

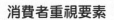

品牌承諾來源

消費者重視要素

企業核心價值

趨勢分析

創業家價值與企圖心

品牌承諾角度

企業本身	競爭者	消費者

品牌承諾訴求

產品

未來期待　　品牌承諾訴求　　服務

生活型態　　　　　　　　　態度

價值觀

Unit **9-7**
品牌對外溝通的五大支柱 ── 即時回應

　　品牌需即時回應（Real Time Response）的項目：1.消費者需求及不滿；2.政府法令；3.競爭者；4.經營環境；5.社會責任。

　　一、即時回應消費者需求及不滿：面對「永不滿足」的顧客、「喜新厭舊」的市場，企業的唯一策略，就是針對消費者需求，快速反應。此外，很多品牌出錯的時候，會面對客戶的情緒，此時必須以客為尊，迅速、有效的處理危機。

　　(一) 顧客的反應是，品牌進步的動力。

　　(二)「慢＝無」，再好的品牌核心價值，要在第一時間告知顧客。如果不能敏銳地察覺，消費者行為模式的改變，就無法快速反應顧客需求。最終失去的，不只是產品競爭力，甚至會影響企業的存亡。

　　(三) 能即時回應顧客的需求，才能掌握商機，創造品牌核心價值的極大化。

　　(四) 顧客關係管理（Customer Relationship Management, CRM）升級為→顧客情緒管理（Customer Emotional Management, CEM），讓顧客產生好心情及忠誠度。

　　(五) 組織設計：1.提高客戶經理在組織內的實質權力（職級／權限），讓他在客戶真正需要「救火」的時刻，可以發揮足夠的影響力。2.客戶經理必須以客戶所屬產業，來累積專業知識（而非自身產品為核心），使他成為組織中「最懂客戶」的人。

　　二、即時回應政府法令：政府法令具有強制性，無論是採購法、稅法、工資法等。若未能即時因應，可能遭重罰而錯失商機，甚至破壞品牌形象。

　　三、即時回應經營環境：經營環境唯一不變，就是變！在全球化競爭環境，企業面臨快速變遷的產業環境，譬如，印度推出百元新低價的筆記型電腦，若無法即時回應經營環境，就無法保護企業市場地位。又如金融風暴發生時，市場觀望氣氛濃厚，少有人立即做出反應。但晶華酒店迅速因應消費者將趨於保守，立即著手調整產品與價格結構，拉進平價市場。

　　四、即時回應競爭者：無論是既有競爭者，或潛在的競爭者，若未能即時回應，一顆蘋果，就能讓索尼、諾基亞兵敗如山倒，短短一年從老大，變成嘍囉！

　　五、即時回應社會責任：品牌核心價值的極大化，是需要顧到企業的社會責任。1.消極上→不能傷害社區、環境、消費者、員工；2.積極上→造福鄉里、社會、國家。尤其當大地震、大洪水等災難出現時，主動貢獻財力、物力、人力。對於弱勢族群，如單親或身障者，提供協助與機會。

品牌須即時回應的項目

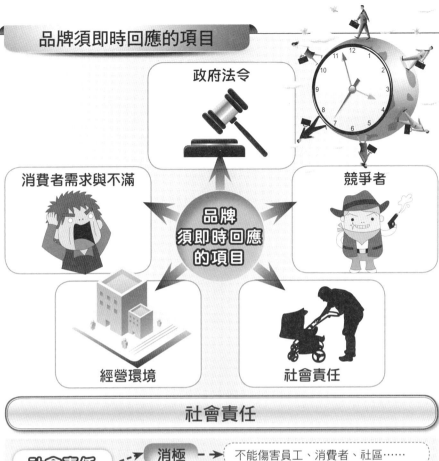

政府法令

消費者需求與不滿

品牌須即時回應的項目

競爭者

經營環境

社會責任

社會責任

社會責任 ┈➤ 消極 ──➤ 不能傷害員工、消費者、社區……

┈➤ 積極 ──➤ 造福員工、消費者、社區、社會……

政府法令

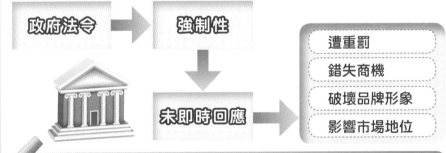

政府法令 ➡ 強制性

遭重罰
錯失商機
破壞品牌形象
影響市場地位

未即時回應 ➡

✎ 案例 Zara

　　西班牙Zara品牌之所以成為，知名的服飾連鎖零售品牌，「快」是重要關鍵。

Unit **9-8**
品牌包裝、標示、保固

　　包裝最開始只是為了方便裝運、整理與收納等基本功能，而在現今「包裝」的視覺設計，似乎已成為精美的代名詞，而逐漸受到重視。

　　一、包裝重要性：包裝是建立「品牌」聲譽的利器，掌握包裝意象及喜好，能使消費者能藉由包裝設計，所傳達的意象，進而引起購買動機與行為，有助銷售業績。

　　二、應注意包裝的面向：產品包裝具有重要的溝通作用，包裝設計師一定要注意產品包裝的原則，即1.安全；2.結構及造型；3.商標視覺表現；4.字型設計；5.整體平面設計；6.環保；7.色彩；8.提拿；9.運輸；10.材質可回收、再利用；11.倉儲。

　　三、包裝原則：1.醒目、易於識別品牌；2.與品牌策略相輔相成；3.清晰傳達產品重要訊息，結構簡單且使用簡便；4.設計組合、拆解容易的結構；5.具造型、展示功能。

　　四、包裝的視覺美感：產品包裝對於消費者的視覺，不僅僅是「好看」和「漂亮」，它需要對人文的理解，新奇的創意，鮮活的思想，對經濟和社會的觀察，注入色彩與造型中，形成觸動大眾神經的畫面。

　　視覺傳達設計，著重在將視覺原素，即點、線、面、色彩、造型文字、插圖等，運用在視覺傳達媒體上，並達到良好的溝通。

　　(一) 圖像文字：具圖像文字獨特性的包裝表現方式，能增加消費者情緒。以市售食品包裝為例，「變體字」搭配「產品內容」的圖像文字，最能引起消費者，最大情緒效果之表現形式。

　　(二) 色彩：美感是來自產品、包裝、標籤的顏色或形狀。具真實影像圖片，會更容易傳遞意象，使消費者印象更深刻。

　　五、產品標示：產品標示提供各種產品資訊給消費者，同時有可能以設計，來吸引注意。產品內容的標示，需依照國家或地區的規定指示，而各國及地區強制規定列明的標示內容各有不同。1.各國對香菸產品，大都要求有抽菸影響健康，警告的標示；2.歐盟要求所有含基因改造的食品，必須標示告知；3.美國汽車標示法規定，廠商需標名車輛的原產地、最後裝配點以及主要組件的國外來源。

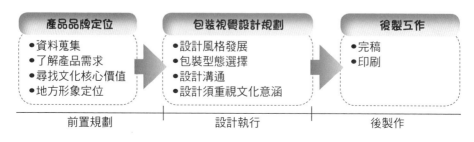

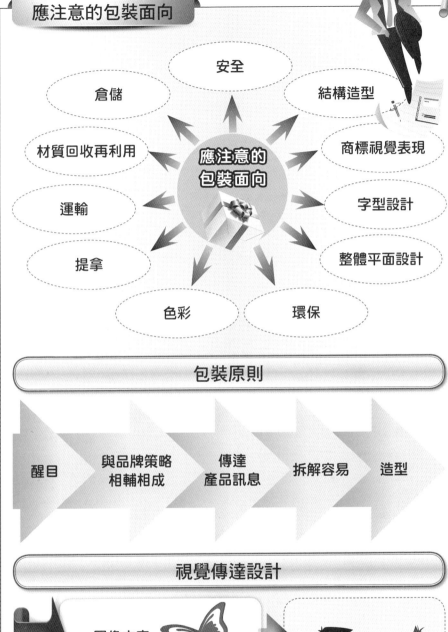

應注意的包裝面向

安全

倉儲

結構造型

材質回收再利用

應注意的
包裝面向

商標視覺表現

運輸

字型設計

提拿

整體平面設計

色彩

環保

包裝原則

醒目

與品牌策略
相輔相成

傳達
產品訊息

拆解容易

造型

視覺傳達設計

視覺傳達設計

圖像文字

色彩

與消費者溝通

Unit 9-9
品牌內部溝通

　　品牌不只是做出承諾，重點是必須「遵守」承諾。在客戶的眼裡，員工就等於公司。所以品牌價值的創造，除了管理階層的決心與支持外，前線員工的參與更是關鍵。員工如何實踐品牌精神，就需要企業內部的溝通。

　　一、**溝通重要性**：有五星級的設備，卻沒有五星級的服務人員，品牌承諾就達不到。達不到品牌承諾，將毀及品牌形象。因此要如何實踐品牌承諾，關鍵就在於員工！而溝通是其中一項不可或缺的管道。

案例 　復興航空

　　根據2009年2月3日的新聞指出，復興航空3名旅客，在餐點裡發現塑膠碎片。事後，傳出是復興航空的空廚人員，因不滿年終領太少，所以在餐點內加料報復。消費者受到傷害，品牌經媒體報導後，傷害更大！

　　二、**溝通（Communication）意義**：該詞源自於拉丁字「Communis」，具有「分享」（To Share），或「建立共同看法」（To Make Common）的涵義。

　　Simon（1976）指出，溝通乃個人與個人間傳遞有意義符號的歷程；黃昆輝（1993）提出，溝通是某一個人或團體，藉以傳達觀念與態度予另外一個人或團體之一種心理及社會的歷程；徐木蘭（1994）提及，溝通除了思想與觀念交換的過程外，它的最高目的是，藉回饋的手段，達到彼此了解與互享意義的境界。

　　三、**溝通形式**

　　(一) 正式溝通：正式溝通依訊息流向的不同，可分為四種：1.上行溝通（Upward Communication）、2.下行溝通（Downward Communication）、3.平行溝通（Horizontal Communication）、4.斜行溝通（Lateral Communication）。

　　(二) 非正式溝通：機關間之成員，常因具有同學、同鄉、同宗、同信仰、同愛好，而形成非正式的組織。有些事情可利用小團體，來完成機關之業務，但也要防止馬路消息或謠言的口碑接觸（Word-of-Mouth Contacts）。

　　四、**各自溝通原則**：1.溝通管道應該很明確；2.員工該有各自正式明確的溝通管道；3.溝通路徑要直接、要簡短；4.在正常情況，應該使用正式的溝通路線。

　　五、**溝通種類**：目標制定溝通、績效實施溝通、績效反饋溝通、績效改進溝通。

　　六、**建立高效率的溝通管道**：組織溝通的良窳，與是否建立高效率的溝通管道有密切關係。譬如，上市公司「遊戲橘子」的每位員工，都能用電子郵件，直接與董事長對話，甚至在一季一次的「全局總動員」會議中，每個人都能直接對劉柏園發問，內容不限工作、生活，甚至是感情問題，堪稱是組織溝通的最佳代表。

正式溝通

正式溝通

- 上行溝通
- 下行溝通
- 平行溝通
- 斜行溝通

非正式溝通

- 同學
- 同鄉
- 同宗
- 同信仰團體
- 同背景團體
- 同愛好團體

溝通原則

- 溝通管道明確
- 員工有自己溝通管道
- 溝通路徑直接、簡短
- 正常情況應用正式管道

溝通種類

溝通種類	
目標制定溝通	績效反饋溝通
績效實施溝通	績效改進溝通

 案例

　2002年世界盃足球賽，韓國隊一路踢進四強，為了保持高品質的產品，韓國三星品牌大廠毅然宣布，每逢韓國隊出賽就放假一天，以免員工心繫比賽而影響產品品質，造成品牌形象受損。

Unit 9-10
關鍵的第一線員工

品牌背後的態度，決定消費者的經驗；而消費者的經驗，則決定品牌表現的優劣。公司行銷工作儘管做得再好，若員工服務態度有瑕疵，品牌形象必受衝擊。

一、第一線員工的重要

(一) 內部行銷的角度：內部行銷有兩種層面的意義，一是「員工就是顧客的想法」；二是「以培養員工具有顧客導向，及服務意識的策略性目的」。

(二) 前北歐航空總裁卡爾森在 **1986**年出版《關鍵時刻》（*MOT, Moment of Truth*）指出，第一線員工是「關鍵時刻」的「關鍵人物」。

(三) 凱瑟琳所寫的《黃金服務15秒》（*Good service is good business.*）一書指出，消費者從當下任何一位店員那裡，接受到的服務水準如何，就決定了品質。

二、第一線員工常見的失誤

1.員工專業性不夠，無法立即解決消費者問題；2.員工危機處理的訓練不足，無法處理意外突發狀況；3.第一線員工過於被動，被要求後才服務，甚至被客人打擾時，會露出不悅之色；4.客人不買東西，臉色就難看；5.越接近下班的時間，服務就越打折扣！

三、避免第一線員工失誤的方法

(一) 訓練：成功的品牌管理，必須整合體制內的訓練資源，透過訓練部門將品牌文化，深入每一位員工心中，特別是第一線的服務人員，讓他們成為品牌的代言人，這是品牌的「內部互動行銷」。因此，第一線人員需專業培訓。

(二) 品牌規範：「品牌規範」是品牌的憲法，明確規範員工遵循行動（對內策略），同時也是具體展現對顧客的承諾。品牌規範的內容，可讓品牌價值具體化。

(三) 組織文化：組織也有個性，組織的個性就是組織文化（Organization Culture）。組織文化能影響員工的行為表現，其中的價值觀是，組織文化的磐石，它能為全體員工提供共同努力的方向，以及日常行為的準繩。企業可善用非正式的人際網絡或活動等，來讓員工了解組織文化與品牌精神，以利品牌塑造。

(四) 激勵：激勵方法包括，藉著強調榮譽、提升使命感、競爭壓力、生涯危機、提升員工興趣及具競爭力的薪酬制度等，來帶給企業員工，實踐品牌承諾的行動力。提升榮譽感的方式，包括對於品牌承諾表現優秀者，在區域會議給予公開表揚，並公布於對外刊物中，讓員工因為榮譽感而提升戰鬥力。

(五) 監督考核：適當地監督員工的工作表現。

(六) 制度調整：避免對員工不合理的要求，或過苛的獎金制度，導致員工反應在消費者身上。故相關制度的調整，是改善第一線員工的方法。

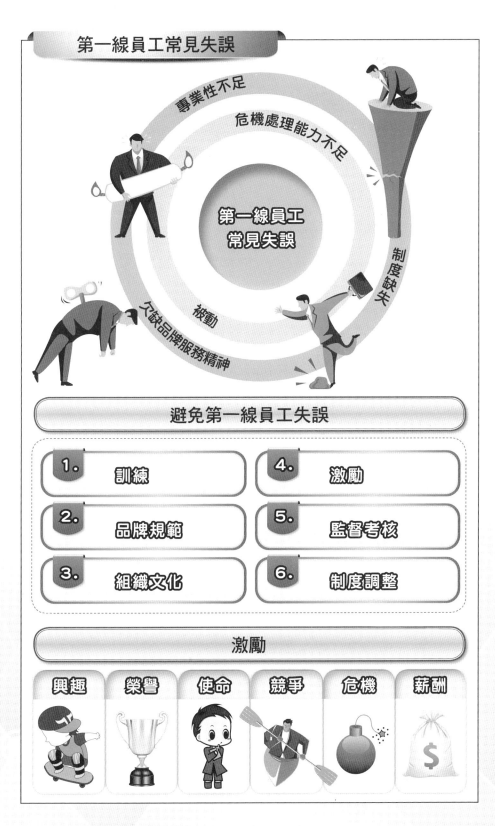

第一線員工常見失誤

專業性不足

危機處理能力不足

第一線員工
常見失誤

制度缺失

欠缺品牌服務精神

被動

避免第一線員工失誤

1. 訓練

2. 品牌規範

3. 組織文化

4. 激勵

5. 監督考核

6. 制度調整

激勵

興趣　榮譽　使命　競爭　危機　薪酬

Unit **9-11**
品牌內部溝通 ── 跨部門之間

　　團隊的成功，除了團隊本身的努力之外，如何與組織內其他部門協調合作，更是關鍵。譬如，為了知道客戶的意見，行銷部門需要與設計部門頻繁溝通。又如，硬體部門和軟體部門，也需要合作，才能開發出客戶驚喜的設計產品。以華碩Eee PC為例，華碩組成了一個專案團隊，由臺灣負責軟體，蘇州開發硬體。但因多數零組件廠商都在臺灣，為了搶時間上市，在那一個月內裡，每天都有專案成員來回於臺北和蘇州兩地。

一、內部溝通障礙

　　組織衝突就像一把火，稍有不慎，就可能破壞組織。

　　1.對結果預期不同：不同部門，對於事情的認知難免會有落差，最常發生的情況是對於結果或是目的的預期，彼此有不同的看法。

　　2.過於被動：對方事前都沒有主動聯繫，任由問題擴大，等到無法解決了，才緊急跑來求救。「事情怎麼會這樣，為什麼不早說？」

　　3.資源有限、相互排擠。

二、化解溝通障礙的途徑

　　1.爭取高層支持；2.強化團隊合作的精神，建立生命共同體；3.建立目標共識；4.選擇適當的溝通方式；5.運用對方的思考邏輯；6.平時建立關係；7.強化跨部門溝通技巧；8.強化情緒管理；9.學習口語溝通的訣竅，特別是面部表情（Facial Expression）、語音聲調（Voice Tone）、遣辭用字（Words）；10.建立知識管理系統（Knowledge Management System），使知識共享，匯集共識。

 案例　裕隆

　　裕隆為了克服橫向部門之間的溝通障礙，實施了以下二項重要的措施：
　　1.成立跨部門的委員會或溝通會議
　　2.實施輪調制度

214

內部溝通障礙

資源有限、相互排擠

立場與利益不同

內部
溝通障礙

過於被動

對結果的預期不同

化解溝通障礙途徑

爭取高層支持

建立知識管理系統

強化團隊合作

學習口語溝通

建立目標共識

化解溝通
障礙途徑

強化情緒管理

選擇溝通方式

強化跨部門溝通技巧

運用對方思考邏輯

平時即建立關係

第 10 章
品牌價值與危機

章節體系架構 ▼

Unit 10-1
品牌權益

　　品牌價值是指品牌所能喚起消費者感受、知覺、聯想等特殊的組合，它有影響消費者行為的潛在能力。所以品牌權益指的就是，一種額外的附加價值。

一、品牌權益三種角度

　　1.通路觀點：從通路來看，擁有越多品牌權益的商品，越是獲利的保證。2.品牌廠商觀點：品牌優勢能承受競爭者，攻擊的忍受度高。3.消費者觀點：品牌權益來自消費者，對該品牌的忠誠度，並願意支付較高的購買價格。

二、衡量品牌權益方式

　　可分為財務面與消費者面兩種。即1.財務面權益：銷售量、價格溢酬。2.消費者層面：品牌忠誠度、品牌知名度、知覺品質、品牌聯想與其他專屬品牌資產。

　　1. 品牌忠誠度包含兩個層面，即態度忠誠度（Attitudinal Loyalty）、購買忠誠度（Purchase Loyalty）。品牌忠誠度涉及品牌偏好、品牌堅持。品牌偏好（Brand Preference）指的是，消費者會放棄某一品牌，而選擇另外一個品牌（此原因可能是習慣或過去經驗）。品牌堅持（Brand Insistence）指的是，消費者寧願多花些時間，也堅持要某種品牌。

　　2. 品牌知名度：品牌知名度係指消費者對品牌回憶（Brand Recall）及品牌認識（Brand Recognition）的表現。其中的品牌回憶是指，消費者面對某一產品類型能夠產生回憶該品牌的能力；品牌認識是指消費者可以直接辨識曾經看過，或聽過該品牌的能力。總的來說，品牌知名度能引起 (1) 顧客聯想；(2) 情感（喜惡）的聯結；(3) 承諾的象徵，所以品牌已成為購買被考慮的主要因素。

　　3. 知覺品質：知覺品質乃是消費者，對某產品總體優越性的評價。知覺品質的特徵有四大顯著部分：(1) 知覺品質與客觀品質不同；(2) 知覺品質的抽象程度較產品屬性為高；(3) 知覺品質是一種與態度接近的評價；(4) 知覺品質發生在比較的情況下。

　　4. 品牌聯想（Brand Association）：品牌聯想或稱品牌印象，是指在消費者記憶中，任何與品牌有關聯的事物，包括產品特色、顧客利益、使用方法、使用者、生活型態、產品類別、競爭者和國家等。

　　5. 其他專屬的品牌資產（Other Proprietary Brand Assets）：包括專利權、商標及通路關係等。

三、品牌權益

　　產品生命週期短（消費電子產業），品牌權益所提供的保障是有限的。

品牌權益角度

通路

品牌廠商

消費者

衡量品牌權益

衡量品牌權益

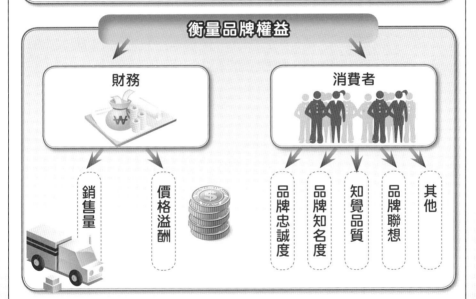

財務
- 銷售量
- 價格溢酬

消費者
- 品牌忠誠度
- 品牌知名度
- 知覺品質
- 品牌聯想
- 其他

品牌知名度

顧客聯想

情感聯結

承諾的象徵

Unit 10-2
品牌價值計算

曾經是健身業龍頭的亞力山大，因資金周轉不靈而破產，其商標仍以805萬元賣出。破產的商標，都如此值錢，可見品牌價值的重要性。

一、品牌價值

1.Keller強調→品牌知名度（品牌認識、品牌回想）、品牌形象（品牌聯想的類型——屬性、利益、態度；品牌聯想喜愛程度；品牌聯想強度；品牌聯想獨特度）。2.Aaker強調→品牌忠誠度、品牌知名度、知覺的品質、品牌聯想，以及專屬品牌權益。

二、品牌價值指標

(一) 施振榮先生的品牌價值公式：品牌價值＝品牌知名度×品牌定位

以上是宏碁創辦人施振榮先生的品牌價值公式，由此可見品牌定位的重要性。

(二) 中華品牌戰略研究院評價法：品牌價值＝利潤 ×品牌實力 ×品牌狀況

1.利潤：包括利潤率超額收益和市占率超額收益。

2.品牌實力：來源於六大方面：(1) 企業性質；(2) 產業性質；(3) 領導地位：取決於市場占有率；(4) 穩定性；(5) 國際性；(6) 發展趨勢。

3.品牌狀況：主要有 (1) 定位；(2) 架構：單一品牌架構、多品牌架構等，然後再區分品牌架構的清晰度。(3) 傳播：知名度、美譽度、當年重大事件管理。(4) 管理：商標註冊保護情況、企業管理組織、職能和流程，品牌資本化情況。

(三) 德國 BBDO評價法：1.市場品質；2.市場優勢；3.財務基礎；4.品牌地位；5.品牌國際導向。

(四) 英國 Interbrand公司評價法：品牌價值＝品牌收益 ×乘數

該公司從財務分析、市場需求，以及競爭者分析的三大面向，來計算品牌價值。其具體因素有1.領導地位（Leadership 25%）：主要是該品牌市場占有率；2.穩定性（Stability 15%）：主要是品牌存在歷史長短；3.市場特性（Market 10%）：快速消費品比工業、高科技品牌價值高；4.國際化（Geographic Spread 25%）：國際性品牌比地方性品牌價值高；5.潮流吻合度（Profit Trend 10%）：是否符合長期趨勢發展；6.支持度（Support 10%）；7.受保護程度（Protection 5%）：保護商標註冊及智慧財產權等情況。

(五) Hirose品牌評鑑方法：1.品牌溢價力（Prestige Driver, PD）：溢價力是指因為品牌的關係，企業可以用比競爭對手更高的價格賣出產品；2.品牌忠誠度（Loyalty Driver, LD）：是指品牌長期讓顧客重複購買的能力；3.品牌延伸力（Expansion Driver, ED）：是指品牌從原有的市場延伸到其他品項，以及海外市場的能力。

品牌價值計算

施振榮

$$品牌價值 = 品牌知名度 \times 品牌定位$$

中華品牌戰略研究院

$$品牌價值 = 利潤 \times 品牌實力 \times 品牌狀況$$

BBDO（德）

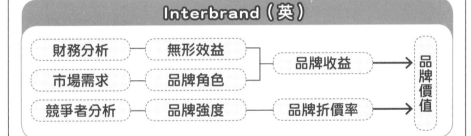

品牌價值 →
1. 市場品質
2. 市場優勢
3. 財務基礎
4. 品牌地位
5. 品牌國際導向程度

Interbrand（英）

財務分析	—	無形效益	—	品牌收益	→	品
市場需求	—	品牌角色				牌
競爭者分析	—	品牌強度	—	品牌折價率	→	價值

Hirose 品牌評鑑方法

品牌價值 →
1. 品牌溢價力
2. 品牌忠誠度
3. 品牌延伸力

案例 捷安特的品牌資產

捷安特的品牌資產→第一是自主製造；第二是穩固品質；第三是創新能力；第四則是完整產品線，品項多樣、齊全，滿足各式各樣的消費者需求。

Unit **10-3**
品牌危機（一）

沒有任何一個品牌，是不會遭遇危機的，但是危機是可以被管理的。

一、危機類別：在多變的市場環境中，企業品牌會發生危機，產品品牌也會發生危機。

二、危機升高訊號：第一步營業額開始下降或停滯不前；第二步需要以降價，來爭取訂單；第三步成本壓力形成，而開始要求降低成本；第四部經營壓力不斷地升高，管理團隊卻無法對症下藥，而且逐漸失去方向；第五步尋求突破但找不到竅門；第六步微利化日趨嚴重，甚至虧損；第七步負債比例不斷惡化；第八步營運資金嚴重不足；第九步企業嚴重虧損倒閉。

三、品牌危機原因：造成品牌危機的主要變數太多，譬如，需承擔產品失敗的責任、行銷投資無法回收、產品滯銷，品質、服務出問題等。

(一) 品牌抵制：品牌做出傷害消費者情感的事，可能是自己做，也可能國家做。譬如，菲律賓槍殺我漁民，或釣魚臺衝突，都可能造成品牌抵制。

(二) 策略錯誤：為臺灣打出第一個行銷全球自有品牌 Kennex網球拍的光男企業，1987年曾囊括全球1/4市場，被稱為臺灣奇蹟。1987年公司股票上市，1989年股市狂飆，股票從 40元漲到 210元，未料次年股市重挫，股票跌落至 20元，在過度多角化經營及高速擴充之下，結果以破產拍賣收場。

(三) 品牌過度延伸：品牌過度延伸，有可能模糊品牌在消費者心中特殊的定位，而發生所謂的「品牌稀釋」（Brand Dilution）現象。此外，品牌延伸的傷害有損害原品牌的高品質形象、模糊品牌定位、淡化品牌個性，讓消費者產生心理矛盾或心理衝突。

(四) 形象危機：品牌企業在面對產品（劣質造成傷害）、價格（與認知成本差距過大）、服務（影響消費者安全或滿意）的問題，或出現違反正常企業倫理，都可能造成品牌的形象危機。譬如，知名食品大廠義美食品公司，2012年驚傳使用過期原料，涉案人員包括廠長、品管人員、原料單位與生產線人員。結果輿論譁然，嚴重傷害品牌形象。

(五) 品牌老化：一旦品牌跟不上時代風潮，而造成新顧客沒興趣，老顧客也不想再購買時，品牌危機便出現了。品牌老化最明顯的症狀是，業績持續衰退，市場人氣下降。有時品牌老化並非產品品質不好，而是沒有時代感，無法和消費者溝通。

(六) 欺騙消費者：2013年母親節檔期，消費者文教基金會針對14家百貨美妝DM進行檢視，發現全部容量標示不清，且有4家違法。

(七) 爆發財務危機：因財務管理或多角化經營管理不當，所造成的財務危機。

危機升高訊號

危機升高訊號

① 營業額停滯或開始下降 → ② 須降價爭取訂單 → ③ 成本壓力 → ④ 經營壓力大，失去方向 → ⑤ 突破無門 → ⑥ 微利化甚至虧損 → ⑦ 負債惡化 → ⑧ 營運資金不足 → ⑨ 嚴重虧損

品牌危機原因

① 品牌抵制
② 策略錯誤
③ 品牌過度延伸
④ 形象危機
⑤ 品牌老化
⑥ 欺騙消費者
⑦ 爆發財務危機

形象危機

劣質產品		服務不如預期
敲詐的價格	**形象危機**	違反企業倫理

案例 王品集團的原燒事件

以極為重視品牌的王品集團為例，竟也在「美國菲力牛」的餐點中，發現比「萊克多巴胺」，毒性更強的「齊帕特羅」瘦肉精，因此造成股價與形象受挫。

一、有預防不代表就沒有危機：原燒的肉品供應，需經過3道關卡，層層檢驗，包含原產地供應商檢驗、進口時海關的抽驗、與原燒自行抽驗，這都是很好的危機預防。

二、正確危機處理可降低品牌傷害：王品及時退費，已降低消費者的不滿，同時在2013年10月18日接獲通知當天，就立即下架，並退還進口商，也消除社會的疑慮，這是負責任的做法。

王品集團危機處理的缺點是，沒有在第一時間（10月18日），就主動召開記者會說明。不說明，10月29日還是上新聞了。這時才說明，其實已經傷害王品的形象了！

Unit 10-4
品牌危機（二）

(八) 模糊定位： 當品牌對於購買者而言，並沒有真正地感覺到品牌，有什麼特別之處時，就表示定位已經模糊。

構成模糊定位的原因很多，1.策略→企圖把握市場各種消費族群的多元化策略，削弱、模糊原來鎖定的目標消費群，所獨有的特性；2.人事升遷→高升者常為了加入自己的風格，而模糊了品牌的精神與重心；3.廣告與定位不合；4.接班人→以GUCCI品牌來說，在第二代時，GUCCI因為家族繼承的移轉問題，曾陷入一片混亂。直到第三代確定GUCCI精品品牌定位後，才扭轉危局，並又在現今全球時尚界中，搶回國際時尚的重要角色。

(九) 商標遭他人搶先註冊： 跨國企業必須正視國外法令，對其品牌保障不足的問題。由於國際間的資訊落差，一個品牌可能在不同的國家，被多家公司同時註冊。當其中一家公司開始進行國外擴充時，可能會發現其品牌，早已被當地公司使用並合法註冊。縱使這個品牌的聲譽卓著，該公司也只好另起爐灶。宏碁電腦多年前放棄既有的品牌，另以Acer為名進軍國際市場，就是例證。

(十) 通路危機： 國內擁有45年歷史，老字號家電大廠歌林，曾邀請蔡依林熱舞代言，來強打品牌廣告，並大手筆進軍國內外液晶電視市場，沒想到占液晶電視營收6成的美國客戶SBC破產，高達74.4億元應收帳款收不回來。結果導致歌林這家老品牌的家電大廠，陷入創立以來的最大危機，最後在2008年7月16日股票，被打入全額交割，最後下市。

(十一) 替代品出現： 有60年歷史的拍立得（Polaroid Co.）公司，自2009年2月起，停產拍立得品牌相紙。打火機取代火柴，數位相機取代傳統相機，LED燈取代傳統燈，3D動畫取代武打演員，網路電子郵件系統取代郵差，手機取代B.B.Call及數位相機。其實任何產業都可能僅存在於，一個特定的時間與空間。一旦強力替代競爭對手出現，未能洞燭機先，進行危機處理，那麼無論品牌多麼強大、管理團隊多麼強悍，都不可避免地會走向滅亡。

(十二) 專業弱化： 在臺灣已57年歷史的老牌產險公司華山產險（原太平產險），因缺乏專業經營等一連串的失誤，再加上增資不成，變成壓倒華山產險的最後一根稻草。

(十三) 品牌廣告危機： 花了錢卻沒有達到既有的效果，就沒有達到溝通目的。這可能是因為考慮不周；廣告與行銷，主客易位；累贅無趣的標題；過於複雜的文稿與插圖。

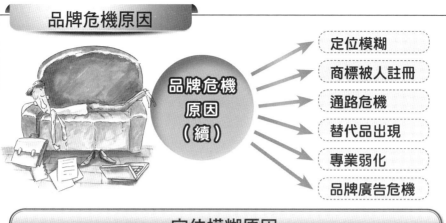

品牌危機原因

品牌危機
原因
（續）

- 定位模糊
- 商標被人註冊
- 通路危機
- 替代品出現
- 專業弱化
- 品牌廣告危機

定位模糊原因

策略出問題

人事變遷

接班人

廣告與定位不合

替代品

打火機→火柴

LED燈→傳統燈

手機→數位相機

替代品

數位相機→傳統相機

網路郵件→郵差

3D動畫→武打演員

高鐵→短程飛機

案例　黑松青草茶

　　黑松青草茶前幾年就以「笑傲江湖」的情節為背景，拍出一支「奸臣追殺忠良」的廣告。創意不錯，拍攝效果也很好，但因廣告情節太過吸引人，而使得許多消費者僅注意情節，反而疏忽廣告產品的特性。

Unit **10-5**
品牌危機預防 ── 組建品牌危機管理小組

　　2007年《商業周刊》專訪華人首富李嘉誠（長江集團主席），他從1950年創業，歷經兩次石油危機、文化大革命、亞洲金融風暴，他的企業卻能橫跨55個國家，走向日不落。

　　《商業周刊》請問他，如何在大膽擴張中而不翻船？李嘉誠回答：「想想你在風和日麗的時候，假設你駕駛著以風推動的遠洋船，在離開港口時，你要先想到萬一遇到強烈颱風，你怎麼應付。雖然天氣滿好，但是你還是要估計，若有颱風來襲，在風暴還沒有離開之前，你怎麼辦？我會不停研究每個項目，在面對可能發生的壞情況下，出現的問題，所以往往花90%考慮失敗。」

　　品牌危機如何預防？關鍵在於品牌危機管理小組。品牌危機處理小組是智囊團，也是作戰指揮中心，因為它會影響到整體品牌危機處理的成功與失敗，所以品牌危機管理小組人員是，品牌危機處理成功與否的第一決定要素。

一、任務

　　品牌危機管理小組任務→設定目標、蒐集資訊、擬定品牌危機管理計畫、執行品牌危機管理計畫、有效解決品牌危機，達成品牌危機管理目標，處理任何不涵蓋在品牌危機管理計畫內的問題。

二、組織與指揮系統

　　品牌危機處理的編組，因涉及不同的議題，及可能擴散到的不同領域，所以應該要有不同領域的專家納編在內。

　　品牌危機管理小組指揮範圍內，應下轄三個特殊任務中心，一是品牌資訊情報中心、二是品牌謠言控制中心、三是品牌網路溝通中心，這三個中心的核心就是品牌危機管理小組。

三、品牌小組特質

　　品牌成員特質會影響整個危機成效，品牌危機管理小組最先決的條件是，能夠在一起相互合作，並有效解決衝突與歧見，以解決品牌危機。因此遴選處理品牌危機的「專案小組」成員時，應考量跨領域專業能力、忠誠度、抗壓性與大戰略。特別是在品牌專業能力方面，應該具有不同領域的特殊品牌專業知識，蒐集品牌資料，並將其轉為資訊、運用、分析、綜合、評估及決策等能力。

品牌危機管理小組任務

設定目標　蒐集資訊　擬定計畫　執行計畫　解除危機

品牌危機管理小組

資訊情報中心

網路溝通中心

謠言控制中心

品牌危機
管理小組

品牌（危機處理）小組特質

跨領域
專業能力

抗壓性

忠誠度

大戰略

Unit **10-6**
品牌危機預防 ── 找出品牌危機因子方法

鑑定與確認品牌危機是品牌危機管理的首要階段，其方法有八種。

一、品牌危機列舉法（Crisis Enumeration Approach）：品牌危機列舉法乃是指有系統、全面性地將社會可能面臨的品牌危機逐一列舉出來，然後進行總體性的品牌考量與判斷。

二、草根調查法（Root Investigation Method）：它是針對第一線接觸可能出現威脅變化的品牌組織基層，所做的品牌危機調查。其戰術上的優點是，能抓住許多品牌細部危險的徵兆，而這可能是被高層所忽略的。這些品牌資料若能被善加利用，必然可以解決許多潛在或甚至即將爆發的品牌危機。

三、財務報表分析（Financial Statement Analysis）：企業是整體的，所以品牌危機的根源，可能來自任何一個部門。因此透過各部門的統計數據，可以迅速挖掘品牌問題的根源。

四、作業流程分析（Operational Process Analysis）：作業流程分析是低成本的作法，在運用上，不論是工廠的生產流程、零售業的進出貨控制，都可用這些技術管制計畫執行的步驟，以防意外。

五、實地勘驗（Physical Inspection）：這種作法的特色，是直接、避免二手傳播。實地勘驗是指主管在品牌危機未爆發前，到第一線了解狀況，以期掌握危機的各種徵兆，爭取防患未然的時間。

六、品牌危機問卷調查（Questionnaire Survey）：企業可以針對某種品牌特殊議題，設計品牌危機管理調查問卷，進行品牌系統性的調查，來發掘有關方面的品牌危機因子，並作為規避危機與轉嫁之用。

臺灣品牌常見的兩大困境，第一個是「對產品了解很多，對客戶了解太少」；第二個是當典範移轉時，企業卻無法及時反應，而錯失商機。

七、品牌損失分析（Casualty-Loss Analysis）：品牌損失分析的對象，不僅是自己企業所發生的危害，同樣也可從「他山」之石可以攻錯的角度出發，學習如何防範未來類似品牌事件的重演，或試著取得類似事件再次發生時的因應之道。

八、大環境分析（Environmental Analysis）：分析品牌經營的大環境，不可避免的必須涉及政治環境、經濟環境、社會環境、人口環境、科技環境，以及直接的營運環境。品牌危機的起源，必然在某一種特殊的環境結構中，所以國際及國內總體環境不斷在變化當中，若沒有掌握品牌環境的變化，就可能會帶來品牌危機。其中值得重視的是，決策者所認知的環境。因為這涉及到決策者的品牌知識、品牌訓練、與其品牌判斷能力。換句話說，即使有卓越的幕僚、與解決品牌的建言，最後仍然得依賴最終決策者的擔當與判斷。

找出危機因子方法

危機列舉法

大環境分析　　　　　　　　草根調查法

損失分析　　　找出危機因子方法　　　財務報表分析

問卷調查　　　　　　　　作業流程分析

實地勘驗

分析大環境

政治環境	經濟環境	社會環境	人口環境	科技環境	環境直接營運

找出危機因子方法的優點

危機列舉法	---→	優點 👍 --→	全面普查
草根調查法	---→	優點 👍 --→	抓出細部危機
財務報表分析	---→	優點 👍 --→	迅速明確
作業流程分析	---→	優點 👍 --→	低成本
實地勘驗	---→	優點 👍 --→	直接，避免二手傳播
問卷調查	---→	優點 👍 --→	速度快
損失分析	---→	優點 👍 --→	預防功能危機
大環境分析	---→	優點 👍 --→	有利決策

Unit 10-7
品牌危機預防的流程

　　本節之前所強調的，建構危機處理小組，找出危機因子外，其他預防之道如下。

　　一、排定處理及資源投入優先順序：企業的資源有限，Steven Fink提出發生危機機率，與品牌威脅強度等兩個變數。將危機衝擊度高，且危機爆發率高的危險區域，優先處理與資源分配。其餘則建立預警系統，時時注意其變化。

　　二、建構品牌智庫：品牌智庫有可能突破窠臼，找到更具效力的解決方案。

　　三、提出危機處理方案：處理品牌危機方案的設計，與方案前提的假設，必須與事實越接近，才越能在危機爆發時發揮功效。此外，應針對不同程度與品牌類型危機，提出各種配套的「群組方案」，所以有「狀況一」的第一「群組方案」、第二「群組方案」、第三「群組方案」等。

　　四、方案測試與確認：在測試品牌處理方案時，應注意方案的可行性、正確性、即時性。這個階段的重點，就是要淘汰錯誤方案，比較各「群組方案」的優缺點，選出最佳方案及備選方案。

　　五、定期演練：定期演練可增加快速反應的能力，以及處理的純熟度。危機可能不斷對外發展與擴散，所以快速反應是品牌危機管理，與處理的先決條件。

　　六、建構品牌策略聯盟：沒有一個組織能夠保證，在品牌危機爆發後，都有足夠資源，能獨立處理。藉助外來力量，迅速化解危機是正確的。若是在危機爆發之後，才去尋求策略聯盟，其困難度很高。更何況要去哪裡借? 成功機率很低。

　　七、建構偵測系統：針對不同的危機型態，所設定的偵測系統與指標是不同的。事前就應有不同的偵測系統，才能找出危機因子，並啟動處理系統。

　　八、建構及時通報系統：通報系統主要是讓品牌危機處理小組，能在最短的時間，掌握最新情況，下達處理方針。通報系統若有誤，危機將蔓延擴大。

　　九、建構士氣鼓舞機制：從品牌危機處理史，可以看出品牌危機領導人及危機處理人員，在處理危機時的心理壓力是極大的。要如何化解或對抗危機這個心理壓力，士氣鼓舞機制是一個可以思考的方向。這個機制不易在危機爆發後才建構，因為屆時應付危機都已措手不及，何來人員去建構士氣鼓舞機制，所以此機制應該在危機預防時期建立。

　　十、建構運籌系統：危機處理小組所組成的三個特殊任務中心，所需要的軟硬體設備（含通訊設備），以及基本飲食等，都需要有後勤系統來支持。尤其是曠日費時的危機，更需要完善的運籌系統。

　　十一、動員：危機管理階段仍需動員，各類資源來對抗危機、降低危機的實際傷害。危機預防階段不是沒有處理，而是在處理時，危機尚未發展成危機風暴。

危機預防流程

建構危機處理小組

找出
危機因子

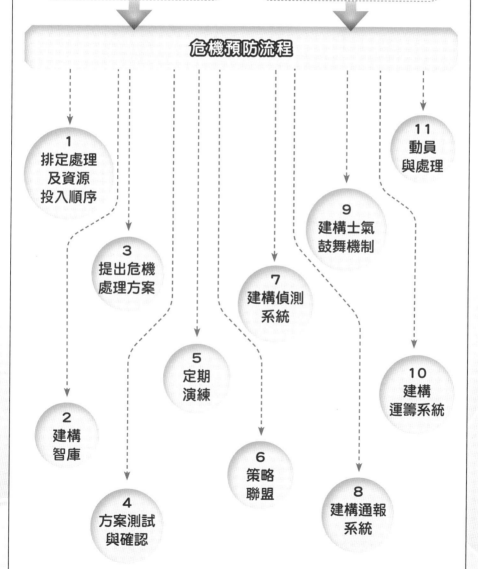

危機預防流程

1
排定處理
及資源
投入順序

2
建構
智庫

3
提出危機
處理方案

4
方案測試
與確認

5
定期
演練

6
策略
聯盟

7
建構偵測
系統

8
建構通報
系統

9
建構士氣
鼓舞機制

10
建構
運籌系統

11
動員
與處理

Unit **10-8** 品牌危機領導

一、危機領導法則

(一) 葛瑞格·希克斯（Greg Hicks）：葛瑞格·希克斯（Greg Hicks）所著的《危機領導》一書，指出強化應變執行力的八大領導法則：

1.目的要說清楚講明白——態度與行為決定成敗。

2.一切操之在己——不責難、不推諉、不逃避。

3.拒絕屈從——展現忠誠，也要做自己。

4.將壓力重塑為助力——冷靜不濟事，要善導你的情緒。

5.以多元方案取代制式計畫——別讓僵化的方法限制成功的可能性。

6.將部屬放在第一位——安頓好員工，他們會為你搞定一切。

7.施比受更有福——先付出，才能獲得所需。

8.開誠布公——吐真言與納忠言一樣重要。

(二) Michael D. Watkins及Max H. Bazerman：兩位學者認為，危機是否可以避免，與領導者有密切的關係，並更明確提出三項議題，作為領導人的重要任務→1.領導人是否認知到威脅？2.領導人對於威脅程度的順序排列是否恰當？3.領導人是否能有效動員？

(三) 唐納薩爾（Donald N. Sull）：美國哈佛大學商學院教授唐納薩爾（Donald N. Sull），也是《成功不墜》一書的作者，指出品牌危機領導人，必須具備掌握局勢變化的敏銳度，以及排定處理優先順序的能力。

二、威脅到品牌生存的危機特徵

品牌危機爆發後的決策特徵→措手不及、資訊不足、壓力極大、破壞力極強、可反應的時間極短、危機處理的選項極為有限，以及時間壓力下處理等制約。

三、網路時代決策差異

網際網路時代的品牌危機決策，與傳統危機決策最大不同點，在於品牌危機處理的反應時間。尤其在品牌危機剛爆發的階段，若沒有迅速處理，將會擴散到其他領域。可是此時的處理，相較於品牌危機預防時期來說更為困難。因為其中最大的制約，是來自於外在危機與內在心理，所交織而成的壓力與衝擊。

四、品牌永續

品牌要能永續，就需要高層參與、找對品牌領導人、長期承諾、企圖心旺盛、優良品質、特色、持續創新，以及正確的品牌戰略等。

危機爆發特徵

選項有限

破壞力極強

時間壓力下處理

資訊不足

措手不及

可反應時間短

壓力極大

危機領導人

Donald N. Sull
- 局勢變化的敏銳度
- 排定處理優先順序的能力

Michael D. Watkins
Max H. Bazerman
- 領導人是否認知到威脅
- 領導人對威脅程度排列正確性
- 領導人是否有效動員

Greg Hicks
- 說清楚目標
- 一切操之在己
- 拒絕屈從
- 將壓力轉為助力
- 多元方案取代制式方案
- 部屬第一
- 施比受更有福
- 開誠布公

Unit 10-9
品牌危機 —— 決策與障礙

一、**決策障礙**：危機爆發後，品牌決策者身心會經歷兩階段，身心明顯的變化，這是決策的最大障礙。第一階段：當發生於危機衝擊當時和之後不久，品牌危機越發嚴重。例如，明基併購德國西門子手機部門每天幾乎賠1億；蠻牛中毒事件；雷曼兄弟破產；新力公司（Sony）營業虧損約臺幣371億8400萬元；85年歷史的投資銀行貝爾斯登（Bear Stearns）倒閉；美國三大車廠瀕臨破產。決策高層在情緒上，越會出現重鬱（Major Depression）的壓力現象，而有麻木、恐懼、驚嚇、悲傷等強烈症狀，更嚴重者甚至出現自殺等念頭。第二階段：在危機發生一星期到數月的第二階段，身體仍會出現的症狀→胃口改變、有消化、頭痛、失眠、惡夢、心神不寧、呼吸困難，甚至嚴重影響到心理免疫力；情緒上的特殊徵兆→易怒、懷疑、激躁等，有時會出現冷漠、憂鬱或自責愧疚等情緒。受危機波及者的行為反應，特別會顯示對未來具有強烈焦慮感，而產生從家人或朋友當中退縮，或強烈想要與他人，分享危險經驗的感受。

234

二、**危機決策**：危機領導人要有泰山崩於前，而色不變的英雄氣概，更要懂得危機領導。在危機決策時，有四點需要特別注意。

(一) 慎謀能斷：應抓住第一階段所蒐集的資訊，當機立斷，解決企業的危機。

 案例

2008年5月26日，美國影星莎朗‧史東在電影節接受訪問時，對汶川大地震發表不當言論，立刻引起各方聲討。莎朗‧史東所代言的法國迪奧（Dior）品牌，在第一時間立刻發表聲明：宣稱絕對不認同莎朗‧史東的言論。隨後又發布聲明：「立即撤銷並停止任何與莎朗‧史東，有關的形象廣告、市場宣傳以及商業活動。我們對此次四川汶川大地震中，不幸遇難的人表示哀悼，並對災區的人民，表示深切的同情和慰問……並對災區重建，予以鼎力支持。」

(二) 速度要快：危機處理速度過慢，就會產生危機擴散。危機擴散所付出的成本代價及困難度，都會增加。

(三) 臨危不亂：企業爆發危機後，危機所造成的混亂，往往使決策者憂鬱、緊張、焦慮、失眠，而導致決策者層層的心理障礙，如此則更不易在第一時間，有效處理危機。

(四) 目標明確：目標是決策的方向，沒有目標，決策就會失去方向，並缺乏效益衡量的標準。企業要把握決策的具體方法→1.確認真正目標；2.分析妨礙目標達成的因素；3.用排除法，放棄枝節因素；4.即時糾正錯誤的判斷。

品牌決策與障礙

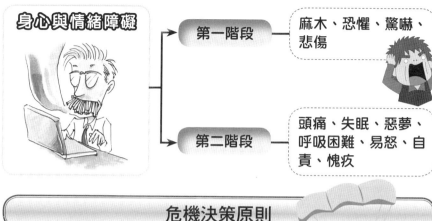

身心與情緒障礙

- 第一階段 ── 麻木、恐懼、驚嚇、悲傷
- 第二階段 ── 頭痛、失眠、惡夢、呼吸困難、易怒、自責、愧疚

危機決策原則

危機決策原則

1. 慎謀能斷
2. 處理速度要快
3. 臨危不亂
4. 目標明確

- 確認真正目標
- 分析妨礙因素
- 放棄枝節因素
- 糾正錯誤的判斷

案例

　　2010年2月初，豐田汽車品牌因煞車被卡住，產生暴衝危機。其實根據美國的資料，早在2009年6月，就已經造成人員意外的死亡。但因危機處理行動過慢，而造成更大危機。單單從全球各地召回汽車維修，就要耗費300多億臺幣。

　　2008年9月中國大陸爆發毒奶事件後，金車公司就主動送驗旗下產品，並主動告知消費者，某些金車商品確實受到三聚氰胺汙染。金車飲料公司危機處理的目標，不是減少回收商品的損失成本（1億元），而是藉此時機突顯公司，重視消費者安全，超過金錢的損失，及誠信的品牌理念。表面上雖有損失，但同時也塑造了新的品牌故事，讓消費大眾更增加對金車公司品牌的信任。

Unit **10-10**
品牌危機處理流程（一）

置身於品牌競爭中，就要有遭逢「萬一」的準備。一旦有「變」，就要進行危機處理！品牌危機處理說明如下：

一、品牌專案小組全權處理：品牌危機決策最怕→1.沒有設立品牌危機處理的小組；2.會議太慢召開；3.部門互推責任；4.危機升高並向其他領域擴散，最後使危害持續擴大。

成立品牌專案小組時，應注意三件事：

(一) 指揮體系：建構品牌危機處理的指揮體系必須明確，才能上令下達，群策群力，朝一致方向來共同奮鬥，解決危機。反之，如果指揮體系不明、權責不清，則可能形成組織內衝突，彼此相互抵銷力量。

(二) 組織戰力：強有力的危機處理組織，是減輕危機破壞力的重要保證。此外，危機管理小組成員，要知道彼此強項與弱點，以發揮截長補短的功能。

(三) 預備隊：一旦危機延滯，有人因長期壓力而無法執行任務時，應該要有預備隊。

二、蒐集品牌危機資訊：重視關鍵性的客觀數據，資料來源的可信度、精確度。當資料流量過大時，必須藉助危機決策系統，以便進行正確的詮釋、評估。

「分析癱瘓」（Analysis Paralysis）主要的症狀是，資料與變數過多，造成分析困難，對於品牌危機應該做出的決定，卻無法即時下達決定。

三、診斷品牌危機：品牌診斷重點應置於四方面：1.辨識品牌危機根源；2.品牌危機威脅的程度；3.品牌危機擴散的範圍；4.品牌危機變遷的方向。統合品牌危機資料來源後，應該要迅速進行品牌診斷。

診斷品牌危機時，時常出現的現象就是「危機幻覺」（Crisis Hallucination）。「危機幻覺」常是由於人的主觀因素，即專業、經驗、情緒、年齡、性別，而曲解資訊。這種幻覺會造成輕估、低估、高估等誤判的現象，而影響危機處理。

四、確認品牌決策方案：在方案提出與確認的階段，最重要的就是要有清楚具體的目標，因為目標是決策的方向，處理人員判斷的準則。沒有目標，決策就會失去方向。

五、執行處理戰略：處理戰略必須是針對問題，解決問題，以及防範危機的擴散。

六、處理危機重點：處理的重點，應置於品牌病源及外顯症狀。處理應以全局、大局為思考的主軸，而非枝節。

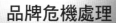
品牌危機處理

專業
經驗
情緒
年齡
性別

危機幻覺

低估
高估
錯估

診斷品牌危機

辨識品牌
危機根源

品牌威脅
程度

品牌危機
擴散範圍

品牌危機
變化方向

危機決策最怕

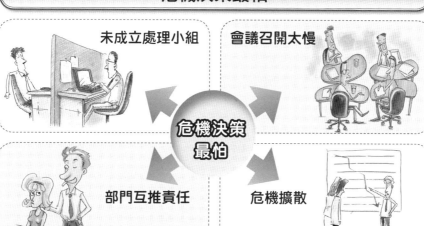

未成立處理小組

會議召開太慢

危機決策
最怕

部門互推責任

危機擴散

Unit **10-11**
品牌危機處理流程（二）

七、尋求外來支援：品牌危機初爆發之際，品牌病源可能不確定，也可能極為嚴重，同時也不一定有把握能處理成功。若能在處理的同時，也及時思考並尋求外來支援，例如政府、上下游的供應鏈，這都有助於品牌危機成功的處理。

八、指揮與溝通系統：為保證正確的執行危機處理，就有賴指揮與通訊系統的建構。若缺乏溝通，所造成的錯誤，往往極為嚴重。

九、提升無形戰力：危機有賴人的處理，而人又受到情緒的制約，所以提升無形戰力，包括士氣、不屈不撓的意志力，都有助於以最少代價，解決危機。

十、危機後的檢討與恢復：在遭遇品牌危機重擊之後，除了必須檢討危機發生的根源，以免再度發生之外，更應迅速恢復既定的功能或轉型。

案例　丹比食品企業 & 滾石唱片 & SOGO百貨公司

例如，創立於1940年的丹比食品企業，驚傳在2008年6月1日結束營運。這是因為門市擴充太快、大環境不佳、原物料上漲等因素，導致公司資金缺口高達2億元。

原來擁有五月天、梁靜茹等兩組大牌藝人的滾石唱片，也因網路上盜版太多，版權無法受到保護，以及進軍海外市場失敗，而發生嚴重致命的財務危機。

當SARS危機爆發時，新聞報導SOGO員工疑似染煞，公司內部隨即開會決定進行居家隔離。原以為事情到此結束，但兩天後，又爆發客人染煞的傳聞。SOGO於是決定，對外宣布封館消毒三天。該月業績因SARS大受影響，估計約10億臺幣。然而，事後SOGO舉辦了SARS義賣活動，成功的拉抬消費者信心，開館後的第一個週末，業績就回升到平日的九成水準。

危機處理應避免三件事：

一、無法掌握危機癥結：以豐田為例，2009年豐田因油門卡阻問題召回380萬輛汽車，然而之後豐田又陸續召回兩次，使問題車輛總數達900萬。此現象顯示豐田未能在第一時間掌握狀況，儘管事後仍全數召回，卻已嚴重斲傷企業聲譽。

二、不誠實與傲慢：企業的否認和傲慢，都會讓消費者的怒火，延燒下去。這對於品牌來說，是不智的！NIKE喬丹快閃事件、寶路乾狗糧事件，都是負面處理的個案。

三、處理策略錯誤：策略錯誤會使問題更加擴大，付出成本更大。

品牌危機處理流程

 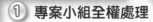 ① 專案小組全權處理 ② 蒐集資訊 ③ 診斷危機

⑥ 處理危機重點 ⑤ 執行處理戰略 ④ 確認品牌決策方案

⑦ 尋求外來支援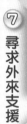

⑧ 指揮與溝通 ⑨ 提升無形戰力 ⑩ 危機後的檢討與恢復

危機處理應避免三件事

無法掌握危機癥結

不誠實、傲慢

處理策略錯誤

危機處理應避免三件事

Unit 10-12
品牌危機溝通八大事

　　當危機撼動了品牌威信，企業巨人也會一夕倒下！此際，除了正確迅速的危機處理外，危機溝通是必要化解危機的工具。

　　一、危機溝通計畫：危機爆發前應有危機溝通計畫，包括1.簡介；2.權威（可信度）；3.危機溝通努力的目標；4.了解群眾；5.危機溝通戰略；6.評估戰略；7.程序與資源；8.內部溝通；9.簽名以示負責。

　　二、不迴避媒體：當品牌危機爆發時，企業應為媒體安排說明會，做充分的溝通，讓媒體更了解這件事的來龍去脈。千萬不要迴避，因為越迴避，就越激起記者追查的動機，同時也會加深社會大眾的反感。

　　三、堅持事實：讓人尊敬、可信賴的企業，是堅持事實與誠信。可信度對成功來說非常重要，所以不要破壞企業的信譽。推諉卸責的企業，會給人不負責任的不良觀感。

　　四、要有同理心：品牌企業的發言人，在召開記者會時，應以消費者利益為上，要有同理心，這樣才能知道消費者，現在最迫切的是什麼？最心痛的是什麼？千萬不要有敷衍塞責的言論出現，更不要說「不予置評」，好像事不關己的語詞。

　　五、誠心道歉：在第一時間表示「誠心」的道歉，通常可以避免傷害繼續擴大，甚至「誠心」付出錯誤的代價，可能將危機化為轉機。伊利諾大學法學院教授羅伯奈特（Jennifer K. Robbennelt）的研究顯示，誠心的道歉，可以減少一半的官司；每兩件官司，就有一件是因為缺少誠心的道歉。

　　六、堅持品牌價值：應該承認的錯誤，必須同時陳述相關的事實，並清楚地說明企業，採取了哪些措施來彌補錯誤，且須強調公司將來，一定會採取某些措施，以避免再次發生類似的錯誤，以維護品牌價值。譬如曾因飼料太鹹，導致狗狗腎衰竭的死亡事件後，寶路出資100萬元和國家級家畜疾病防治單位合作。

　　七、重視細節：「千里之堤、潰於蟻穴」，因此對於細節要很重視，譬如企業內回答的接線生或客服人員，是否會國臺語，甚至客家話；在記者會溝通時，鞠躬角度、使用的語氣、語調和措詞，以及面對鏡頭時的表情、動作，甚至是穿著等，都會影響到閱聽眾的觀感。

　　八、形象修復、重建聲譽：危機溝通的目標是，希望讓品牌轉危為安，讓顧客「再相信」，讓形象修復及重建聲譽。但這需要配合後續議題的規劃，研擬好針對不同利害關係人的溝通角度。由內而外，從重點到外圍，按部就班以事實說服社會大眾。同時，企業也可將後續善後工作，鉅細靡遺的傳達給媒體，讓媒體跟民眾知道你的誠意跟決心。

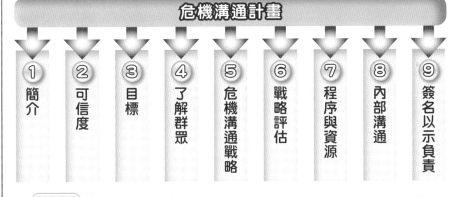

危機溝通計畫

1.簡介：計畫目的、計畫範圍、危機背景、危機本質、誰會被危機影響到；2.權威（可信度）：在什麼組織或法律權威下來溝通這個危機；3.危機溝通努力的目標；4.了解群眾：群眾資訊的蒐集，主要群眾的特質；5.危機溝通戰略；6.評估戰略；7.程序與資源，主要涉及三方面：細節，包括確認危機及負責完成的人、預算、其他可用資源。8.內部溝通；9.簽名以示負責。

Unit 10-13
品牌危機溝通個案

一、消費者利益至上

(一) 嬌生公司（Johnson & Johnson）泰利諾（Tylenol）膠囊止痛藥，因被刻意下毒，而導致7位消費者意外死亡。董事長柏客（James Burke）認為嬌生的品牌精神，就是為了消費者健康而存在，在以顧客至上的前提下，乃決定立刻全面回收膠囊。同時，嬌生的發言人不斷在媒體上，呼籲消費者停止購買這種膠囊，工廠也開始重新設計包裝，讓民眾可以拿舊產品去更換。另一方面，嬌生發出500萬封電報給醫生等團體告知檢驗結果，同時開放800條民眾諮詢專線，並懸賞10萬美元緝捕嫌犯。這一連串的危機溝通，雖然使嬌生帳面上損失1億美元（約合臺幣32億7,000萬元）。卻反而使嬌生很快地贏得消費者信任，更突顯企業品牌價值與品牌形象。

(二) 保力達公司也發生「毒蠻牛」的類似事件，品牌企業的因應策略就是積極全面回收該產品，配合政府緝凶歸案、重新包裝，並製作感性訴求的新廣告，爭取消費者信任，同時定位品牌企業也是受害者，使群眾相信組織是無心之過，使品牌形象轉為負責任的，重視消費者安全與健康。

二、快速反應：對於危機應加快處理速度，以防範危機擴散，及其連鎖相關反應，應在危機剛爆發的第一時間處理。譬如，富士康的跳樓事件，未快速反應，結果讓原本只是危機的徵兆，演變成難以收拾的大災難。

三、快速澄清：2001年臺灣屈臣氏被指控販賣過期商品，並指使員工砸毀商品，然後再以921震災之名，企圖詐領保險金，但屈臣氏卻只以「聲明稿」否認一切指控，並迴避採訪；直到事發後兩週，屈臣氏才召開了一場門禁森嚴的記者會，更加深媒體「不誠實」的負面印象。

四、找公信力單位介入：美國一名男子在1993年，向電視台宣稱在百事可樂罐中，發現一根針頭。經百事可樂的分析，這應該是場惡作劇。於是，他們當天就把百事可樂的裝瓶過程，拍成錄影帶分送給各電視媒體。錄影帶中顯示，裝瓶過程不到1秒，像針頭這麼大的物體，幾乎不可能掉進去。當晚，百事可樂的執行長更與食品衛生官員，同時接受訪問，官員強調作假指控可能遭受的懲罰，也認為無法從此單一事件推測出全國產品都遭受汙染，間接為企業的澄清做了背書。幾天後，那名把針頭放進百事可樂瓶中的嫌犯，便宣告落網。

五、認錯、道歉：創立於1934年的義美公司，在2013年5月新聞爆出義美使用過期原料。結果義美卻不誠心道歉，而以生產線作業主管的對品質認知不同，才造成此疏失。這對於義美的品牌形象，是很大的打擊！

危機溝通

品牌危機溝通應注意5要點

- 消費者利益至上
- 快速反應
- 快速澄清
- 找公信力單位介入
- 認錯、道歉

嬌生公司危機溝通

消費者利益至上

產品重新更換

重新安全包裝設計

嬌生公司危機溝通

主動宣布停止購買和使用

建構諮詢專線

與政府配合緝凶

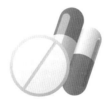

保力達危機溝通

全面回收產品	保力達危機溝通	重新包裝
配合政府調查		推出新廣告

第 11 章

品牌國際化

章節體系架構 ▼

規劃品牌國際化、全球化的策略

　　國際化策略階段是以我國為基地，向全世界輻射；全球化品牌策略，則是在每一個國家的市場，創造本土化的品牌。兩者都有依循的程序。

　　一、界定使命、目標：有了清楚的市場目標，品牌在發展的十字路口上，就不會陷入不知所措的境況；同時，也可避免因資源分配而引發爭議。

　　(一) 使命：即解釋企業行銷海外的必要性。這是由創辦人或主要策略制定者，針對企業競爭範疇（即競爭市場）、成長方向（即未來產品市場與技術）、功能性領域的策略本質、事業本身的基本資產與技能，綜合主動考量。

　　(二) 目標類別：通常，目標會受股東、員工、企業經營階層的策略企圖，及其他內部關係人等外部利害人的影響，但在目標選擇上，大致以：1.銷售額成長／規模成長；2.獲利的改進；3.平衡公司策略性投資組合等為主。

　　(三) 目標性質：1.績效目標：追求成長性與利潤性目標；2.風險目標：經由活動追求策略穩固性，與策略機會性目標；3.綜效目標：經由活動追求管理性、策略性、功能性的目標；4.社會目標：負起社會責任為目標。

　　二、目標市場環境的分析：1.經濟環境面：當地市場的大小、人民生活水準、國民所得、經濟制度、貿易障礙、區域整合、市場成長性等，都與品牌國際化密切關聯。2.財務金融面：利率、匯率、通貨膨脹率、失業率、銀行融資難易度、帳款回收難易度、資金籌措難易度、高比例自有資金難易度等；3.社會文化面：文化因素對品牌國際化，在不同國家的影響力，其顯著性也不相同，例如回教國家的文化，顯然不同於英國的基督教文化、印度的印度教文化。4.政治法律面：各國政治法律的差異，對品牌國際化會造成風險。5.稅制。

　　三、評估能力與抉擇市場：評估能力與抉擇市場，兩者要同時進行。是否有足夠的行銷管理與品牌發展人才，以及內部的生產設施、研發技術、財務資源變數，都是達成目標的要素。在抉擇市場時，可以用市場調查為根據，再進行市場區隔、價值定位、地理位置、地緣關係，進而選擇品牌目標市場的程序，輔以目標市場競爭情勢、未來機會及威脅。

　　四、研擬策略計畫：策略的部分，涵蓋市場劃分、產品與市場組合、通路建立與整編、資訊系統、預算。完成策略研擬後，所要進行的是人員整編、組織建構，與指揮系統的建立，最後則是根據市場通路情報，擬定市場組合策略。

　　五、策略管理：總公司對海外子公司的管理，有三大類，一是總公司建立策略目標及長期規劃，由海外子公司依此擬定個別目標及計畫；二是由總公司決定一般策略、政策，並評估海外子公司的營運績效，甚至統籌擬定有關品牌人才的甄審、任用、具體計畫內容與實施程序；三、海外公司完全獨立自主。

全球化目標策略

制定全球化目標策略

① 界定使命、目標
② 目標市場的環境分析
③ 評估能力與抉擇市場
④ 研擬策略計畫
⑤ 策略管理

目標分析

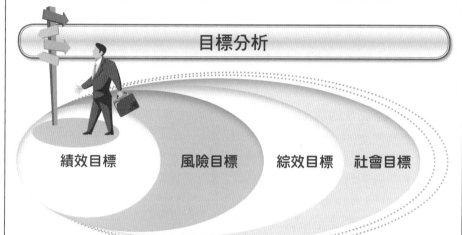

績效目標　　風險目標　　綜效目標　社會目標

市場環境分析

經濟

財務金融

社會文化

政治法律

稅制

Unit **11-2**
品牌全球化應注意的面向

　　在全球化的浪潮下，當企業發展自有品牌，並逐步延伸觸角至國外時，必須構思發展策略，建立自身的品牌定位及差異性，從眾多的競爭裡脫穎而出，創造新商機。

一、營運總部角色扮演

　　在全球化或國際化的進程中，臺灣總部應扮演「策略（Strategy）、支援（Support）、服務（Service）」的3S角色，以提供研發、品牌、稽核、資訊、財務、經營管理Know-How、智慧財產權、後勤支援等運籌管理功能。臺灣總部的責任是，針對全球各個子公司的優劣勢，截長補短，如建立制度、規劃發展方向，協助其蛻變為在地品牌經營者。

二、全球化應注意的面向

　　品牌超越地理文化邊界的能力，要注意四個面向。

　　1.在品牌設計上，要做到簡潔醒目，被異域文化所接受；2.要透過學習、取得、整合地主國市場知識與自身經驗，以逐漸增加該市場的承諾程度；3.重視設計專利；4.網站的滲透力要強，因為這是品牌格局大小的指標。

三、海外市場遼闊的新挑戰

　　經營管理能力、經營人才網羅、營運模式、資訊系統運用、品牌經營管理等。除此之外，資金與創新研發，也可能是大挑戰。

四、品牌全球化失敗的原因

　　缺乏足夠的時間，去做市場調查與分析；缺乏海外市場的可靠數據；缺乏選擇正確的目標市場，與目標消費族群；沒有將產品功能調整為，符合當地消費者需求；缺乏合適的策略性夥伴。

案例

　　巨大全球布局的策略→1.堅持子公司百分百獨資：堅持每家海外子公司百分百獨資的原因在於可以貫徹集團理念。從無到有，一點一滴建立，雖然辛苦，但可避免日後，發生股東理念不合的問題；2.聘用當地人才：要滿足當地市場需求，就必須借重當地對自行車業有經驗的人；3.滿足歐洲高標準：走訪協力廠商，溝通如何做到歐洲的品質水準。

品牌國際化失敗主因

1. 市調分析不足
2. 缺乏可靠數據與資訊
3. 缺乏選擇
4. 未掌握當地消費者需求
5. 缺乏合適策略性伙伴

目標性質

績效目標

風險目標

綜效目標

社會目標

市場環境分析

經濟面

財務金融面

社會文化面

政治環境面

形成策略

分析市場
分析產品與市場的組合
分析通路
分析資訊系統
分析預算

形成策略

人員整編
組織建構
指揮系統

 案例

　　巨大全球布點首選歐洲，後美國，再進軍日本、澳紐。首站選擇荷蘭的策略思維有三，一是當時的OEM客戶都在美國，先進軍歐洲可避免與客戶正面交鋒；二是歐洲是自行車發源地，擁有最挑剔的消費者，而荷蘭則是自行車使用率最高的國家，因此將捷安特歐洲公司設於荷蘭，可更精準掌握在地消費者的需求；三是阿姆斯特丹為歐洲大港與大門，而且使用多種語言，有助於了解歐洲市場。

Unit **11-3**
品牌進入市場策略

國際進入策略（International Market Entry）是指企業為了擴張其市場占有率，移轉其產品、技術、人力資源、管理技術或其他資源到海外市場時，所採取的一種機構性安排，包含進入模式策略及國際市場的選擇。一般而言，品牌企業進軍國際市場的方式，常用的模式包括出口、授權、獨資、合資、加盟、策略聯盟、併購及新設海外子公司等。

一、出口：最簡單的進入當地國市場，莫過於貿易的出口方式（直接出口或間接出口）。透過貿易的手段，作為進入新市場的策略，可以降低許多營運上的風險，並可先了解地主國商情，作為未來進入當地市場的墊腳石。但是對於當地國的需求，以及當地消費者的反應等市場靈敏度，仍不免有其盲點存在。

二、授權：代理是指直接進口，維持商品原貌來銷售給消費者；授權則是擁有修改商品的權利，以符合當地消費者需求。

三、獨資：以獨資經營形式，進入當地國市場，可更直接接近目標顧客、完全控制經營管理、獨享營運利潤，絕不會有溝通協調的問題，對於營業祕密方式，也能有效保護其技術。但是獨資必須承擔高度風險，這些風險涵蓋了外匯管制、匯兌風險、政治風險、易觸犯地主國的法律規定、當地資源與技術、資本市場取得資金不易等問題。

四、合資：這種進入方式是指品牌企業，和另一家以上的獨立公司，所共同創立的新企業。與當地品牌企業合資，不僅易於深入在地市場，打入其他國際競爭者，所無法進入的本地化市場，同時也能與客戶的關係更為緊密。

五、加盟：品牌企業授予加盟者一套成熟的Know-How及商標使用權，以開設連鎖店、專賣店等形式進軍當地市場；品牌企業者既易取得加盟金，又可快速進入市場，取得擴大市場版圖及品牌知名度的優勢。就連鎖加盟總部而言，保留住現有加盟主，並與加盟主發展良好關係，是加盟總部現今最主要的經營策略。

六、策略聯盟：策略聯盟的類型，依特性可分為多種，如研發聯盟、生產聯盟、行銷聯盟、混合式聯盟、互補式聯盟、強化型聯盟。

七、併購：企業透過併購品牌及通路來拓展國際市場，可縮短自行摸索時間，快速壯大規模、整合資源、換取在市場上更有利的位置。

國際化的過程中，要有創意、資金、人力、物力、設備，尚需注意各國民情、文化傳統、顧客消費品味、購買習慣、技術水準、法律、關稅、產業結構、經濟結構、經濟發展、地緣經濟等行銷變數。所以進入國際市場的難度，及不確定度都較高。

品牌進入市場策略

出口　授權　獨資　合資　加盟　策略聯盟　供購

策略聯盟形式

研發聯盟

生產聯盟

強化型聯盟

互補式聯盟

策略聯盟形式

行銷聯銷

SALE

混合式聯盟

國際化

創意　物力

人力　設備

購買習慣

消費品味

國際化

文化傳統　各國民情　法律　關稅　經濟結構　經濟發展　產業結構　地緣經濟　技術水準

Unit **11-4**
品牌國際行銷策略

　　一、**國際行銷策略**：尋找合適的代理商販售，藉參展與比賽、廣告、舉辦講座、新產品上市活動、生日月分回饋等，傳遞產品訊息，並可在國外設立發貨中心，提供即時性的在地化服務，以提高當地消費者忠誠度。

　　二、**關係行銷**：這是以維護和改善現有顧客之間的關係，對於往海外發展的品牌企業，可先從關心當地學校、社區著手，並大力配合對於當地政府所推行的活動。例如，對於金融海嘯所造成的失學者，提供獎學金或學費，以各種潛移默化的方式，將品牌價值傳達出去。

　　三、**參加國際展覽**：積極參與國際性商業展覽，使企業品牌或產品品牌成為世界品牌。在參展時，從主題設計、動線規劃、產品陳列到講解，使產品的特性充分表達，讓買家在最短時間內，親自體驗所有產品，提升品牌知名度。

　　四、**專業雜誌**：針對主要客群，透過國外特定的專業雜誌，來接觸目標消費者，特別強調「行銷創意」，讓品牌符號的圖片意象，增加目標客群對企業的品牌聯想。此外，在專業的報章雜誌上刊登廣告，以增加品牌曝光機會。

　　五、**同業結盟行銷**：臺灣機能性紡織品經營有成，目前全球市占率逾70%，但因品牌知名度較低，價格與國際品牌差距甚大。所以由臺灣四大機能性紡織品品牌福懋、宏遠、興采、寧美，共組品牌行銷團隊，推展服飾與布料「雙品牌」。

　　六、**積極造勢**：造勢的方法，莫過於與當地文化結合。一般來說，西方國家特別注意運動，無論是網球、籃球、足球或一些比賽等，都能引起社會大眾注意的目光。王品台塑牛排設置於美國比佛利山莊的Porter House，在美國雖然僅此一家，但仍獲得美國最大網站公司AOL頒予當地最美味餐廳獎，並在葛萊美頒獎典禮時，特地邀請主廚前往料理美食。

　　七、**增強來源國效應**：國家品牌的塑造，是為了讓國際人士對於國家的某些特質和特點，產生聯想與特定的印象。好的國家品牌，可以建立國家優質的形象，消除或改變以往既存的負面印象，一般投資者與消費者也都以國家形象作為經濟與採購決策的參考。

　　除以上品牌國際化的具體戰略之外，還可以增加成功機率的是：1.力邀國際知名巨星代言品牌廣告；2.積極參與國際認證；3.以高品質的產品及良好服務累積企業全球聲譽；4.在每年國外最知名的廠商型錄中，將廣告刊登在最明顯的位置；5.創意、創新的網路行銷做法；6.可將品牌商品推展到各國的電視廣告上，以增加全球消費群眾對品牌的理解度；7.在各國舉辦的專題研討會，交換產品研發的心得與經驗，以建立專業形象；8.每年固定舉辦全球技術論壇；9.接受媒體採訪，以增加曝光率、知名度。

品牌國際行銷策略

尋找代理商

當地設
發貨中心

參展、比賽

新產品
上市活動

舉辦講座

通路

廣告

傳遞產品訊息

生日回饋

253

提高品牌國際行銷成功機率

國際巨星代言	國際認證	高品質產品與服務
知名型錄廣告	網路行銷	電視廣告

專題研討會	全球技術論壇	媒體採訪

Unit **11-5**
品牌國際通路策略

　　行銷通路是業績的咽喉，沒有通路就沒有品牌，通路是決定品牌的重要因素。在「通路為王」的時代，能夠占有最多通路的，便能具備主導市場的終端致勝力量。

　　一、多家合組專業行銷公司：這是以合資方式，共同支持一家專業行銷公司，來打共同品牌，並行銷到全世界。它以最少資金，藉著集體行銷、集體參展、集體談判等通路及資源共享，透過聯盟集體談判，既可降低風險，又可大幅提高市場競爭利基。

案例

　　在外貿協會與薌園生技的主導下，2007年底，邀集幸鑫食品等成立上海合祥商貿公司，並組成臺灣食品業品牌策略聯盟。2009年，聯盟則推出「四季寶島」的新品牌。透過這家新成立的公司，主導臺灣食品的聯合併櫃進口業務，品牌則包括：奇美、幸鑫、盛香珍、十全、皇族、親親、九福、崇德發等。臺灣食品聯盟在大陸的通路，最初有點像臺灣高速公路休息站、販售中心的縮小版，透過此通路可買到全臺各地農特產品。

　　二、一家成立多品牌公司：臺灣與其他國的文化背景不相同，因此可在當地國成立行銷公司，去調查當地消費者的需求，以便精準地掌握研發與行銷方向。

　　三、加盟模式：由總公司負責宣傳及資源運籌的加盟方式，能使一家公司迅速取得一定規模，以追求齊一標準。採取加盟的通路策略優點是：1.快速進入市場；2.減少開設店面的資金；3.運用當地現有管理人才；4.減少人事費用的支出；5.減少代理成本。不過在管理上有其限制：(1) 控制品質較難；(2) 人員訓練可能有限制。

　　四、品牌授權：品牌授權（Brand Licensing）最主要的角色是品牌授權商（Licensors）與品牌被授權商（Licensees）。品牌授權代理是製造商掌握行銷通路、拓展海外市場，用以增加產品銷量最有效的工具之一。這有助於中小企業能迅速切入國際市場並站穩腳步。

　　五、併購：企業併購國際市場，可以利用現有的行銷通路，迅速進入市場或另一個事業的領域，不僅能有效降低海外營運風險、提升企業的國際化程度、達成持續成長之效益，也成為創造營收的國際行銷新模式。

　　六、合資：通過合資合作的方法，與國外有相當知名度，和品牌影響力的公司進行合作，藉該公司在國際市場的網絡，銷售自己的品牌產品。

　　七、多重通路：想積極拓展品牌產品，或服務的知名度，或大幅擴展市場占有率，唯有多重通路才能百無一疏。

品牌國際通路策略

合資
多重通路
併購
品牌授權
加盟
成立多品牌公司
合組專業行銷公司

品牌國際通路策略

加盟通路的優點

快速進入市場

減少資金壓力

運用現有人才

減少人事成本

減少代理成本

共組專業行銷公司優點

① 集體行銷

② 集體參展

③ 集體談判

④ 降低風險

⑤ 降低資金需求

Unit 11-6
品牌國際化人才

　　「競爭無國界」是國際化經營特色，站上國際舞臺後，企業必須滿足各個當地的市場需求特質，同時面對來自當地企業和其他國際對手競爭。因此，企業選用的人才，能否與目標市場文化融合、適切和當地同事合作，並實踐公司賦予的任務，對國際化營運成敗至關重要。

　　一、品牌國際化人才九大條件：品牌國際化是重大戰略問題，需要較大的投入，以及懂國際市場經營管理，又有實戰經驗的人。品牌國際化人才有九大條件，即1.國際化視野；2.跨文化認知與敏銳度；3.開放的心態；4.外語能力；5.專業及技術能力；6.溝通協調能力；7.解決問題能力；8.快速學習能力；9.EQ管理與挫折化解的能力。

　　二、人才外派障礙：複雜的工作、文化差異、遠離親人的孤獨感、外派人員回國發展的困難、小孩與配偶的犧牲，這些都是人才外派的障礙。

　　三、「文化震撼」原因：文化震撼可能導致跨國據點經營的失敗，而造成企業品牌傷害，其原因有三點。

　　1.喪失自己在本土文化環境中，原有的社會角色，因而造成情緒不穩定。

　　2.價值觀的矛盾和衝突：母國文化的價值觀，與異國文化價值觀相抵觸，而造成調適困難，甚至無所適從。

　　3.生活方式、生活習慣的不同，因而難以適應。

　　四、培訓國際化人才重點方面

　　(一) 知識提供方式：包括：東道國和地區的文化、相關知識講座、跨文化理論課程等。1.培訓方法：培訓往往通過授課、電影、錄影、閱讀背景資料等方式。2.培訓目標：提供有關東道國商業，和國家文化的背景資訊，以及有關公司經營情況等。

　　(二) 情感方式：目的是培養有關東道國，文化的一般知識和具體知識，以減少民族中心主義。1.培訓內容：文化模擬培訓、壓力管理培訓、文化間的學習訓練、強化外語訓練等；2.培訓方法：案例分析、角色扮演、主要跨文化情景模擬等。

　　(三) 沉浸方式：培訓一般在東道國進行，與東道國有經驗的經理會談。1.培訓內容：跨文化能力評估分析、實地練習、文化敏感能力培訓等。2.培訓目標：能與東道國國家文化、商業文化和社會制度和睦相處。

　　五、國際人力資源管理：國際人才管理的複雜度，遠比單一地區或國家內的人才管理，要高出許多，因此也需要更周密的制度設計，才能達到管理成效。

　　六、國際人才的類型：可依地域分成三種，1.母國人才（Parent-Country Nationals）；2.地主國人才（Host-Country Nationals）；3.第三國籍人才（Third-Country Nationals）。

品牌國際化人才

品牌國際化人才

① 國際化視野	② 跨文化認知與敏銳度	③ 開放的心態	④ 外語能力	⑤ 專業及技術能力	⑥ 溝通協調能力	⑦ 解決問題能力	⑧ 快速學習能力	⑨ EQ及化解挫折能力

人才外派障礙

人才外派障礙

複雜的工作 → 文化差異 → 孤獨 → 回國發展困難 → 小孩及配偶的犧牲

培訓國際化人才

培訓國際化人才 → 知識面 →

- 授課
- 電影
- 錄影
- 閱讀背景資料
- 心理諮商

打動人心的高效簡報術

魅力表達x打動人心x激發行動

講師：廖孟彥/睿華國際
課號：V1F0100
課名：打動人心的高效簡報術

10倍

效率的工作計劃 與 精準執行力

高效能力時代必備的職場力

講師：陳英昭/睿華國際
課號：V1F0200
**課名：10倍效率的工作計劃與精準執行力：
高效能力時代必先具備的職場力**

講師：林木森/睿華國際
課號：V1F0500
課名：目視化應用在生產管理

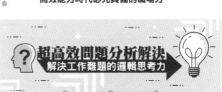

超高效問題分析解決
解決工作難題的邏輯思考力

講師：張倩怡/睿華國際
課號：V1F0300
**課名：超高效問題分析解決
（基礎課程）**

打造自己的時間管理模型
高績效時間管理

CSDA原則　GTD　蕃茄鐘　80/20法則

講師：張倩怡/睿華國際
課號：V1F0600
課名：高績效時間管理

1 小時學會有效庫存管理

如何達到庫存低減
成台份推動典範實務

實際案例＋理論
打造專屬的智慧物流模式

講師：游國治/睿華國際
課號：V1F0700
**課名：1小時學會有效庫存管理：如何達到
庫存低減-成台份推動典範實務**

投稿請洽：侯家嵐 主編 #836
商管財經類教科書/各類大眾書/童書/考試書/科普書/工具書
E-mail：chiefed3a@ewunan.com.tw、chiefed3a@gmail.com

五南圖書出版股份有限公司 / 書泉出版社
地址：106台北市和平東路二段339號4樓
電話：886-2-2705-5066

五南出版事業股份有限公司
購書請洽：業務助理林小姐 #824 #889

Facebook：
五南財經異想世界

五南線上學院
課程詢問：邱小姐 #869

國家圖書館出版品預行編目(CIP)資料

圖解品牌行銷與管理/朱延智著. -- 二版.
-- 臺北市 ： 五南圖書出版股份有限公司,
2024.05
　面；　公分
ISBN 978-626-393-179-4(平裝)

1.CST: 品牌行銷 2.CST: 行銷學

496　　　　　　　　　　113003415

1FSA

圖解品牌行銷與管理

作　　者 ─ 朱延智

發 行 人 ─ 楊榮川

總 經 理 ─ 楊士清

總 編 輯 ─ 楊秀麗

副總編輯 ─ 侯家嵐

責任編輯 ─ 侯家嵐、吳瑀芳

文字校對 ─ 陳俐君

封面設計 ─ 封怡彤

排版設計 ─ 張淑貞

出 版 者 ─ 五南圖書出版股份有限公司

地　　址：106台北市大安區和平東路二段339號4樓

電　　話：(02) 2705-5066　　傳　　真：(02) 2706-6100

網　　址：https://www.wunan.com.tw

電子郵件：wunan@wunan.com.tw

劃撥帳號：01068953

戶　　名：五南圖書出版股份有限公司

法律顧問：林勝安律師

出版日期：2013年12月初版一刷（共四刷）
　　　　　2024年 5 月二版一刷

定　　價：新臺幣380元

經典永恆・名著常在

五十週年的獻禮 —— 經典名著文庫

五南，五十年了，半個世紀，人生旅程的一大半，走過來了。

思索著，邁向百年的未來歷程，能為知識界、文化學術界作些什麼？

在速食文化的生態下，有什麼值得讓人雋永品味的？

歷代經典・當今名著，經過時間的洗禮，千錘百鍊，流傳至今，光芒耀人；

不僅使我們能領悟前人的智慧，同時也增深加廣我們思考的深度與視野。

我們決心投入巨資，有計畫的系統梳選，成立「經典名著文庫」，

希望收入古今中外思想性的、充滿睿智與獨見的經典、名著。

這是一項理想性的、永續性的巨大出版工程。

不在意讀者的眾寡，只考慮它的學術價值，力求完整展現先哲思想的軌跡；

為知識界開啟一片智慧之窗，營造一座百花綻放的世界文明公園，

任君遨遊、取菁吸蜜、嘉惠學子！